SHUZI SHIDAI GAOZHI YUANXIAO XUESHENG ZHIYE
DAODE JIAOYU SHENGCHENG JIZHI DE YANJIU

数字时代高职院校学生职业道德教育生成机制的研究

邹德军　著

东北财经大学出版社　　大连
Dongbei University of Finance & Economics Press

图书在版编目（CIP）数据

数字时代高职院校学生职业道德教育生成机制的研究 / 邹德军著. 一大连：东北财经大学出版社，2025.6. —ISBN 978-7-5654-5643-5

Ⅰ.B822.9

中国国家版本馆CIP数据核字第2025WS2596号

数字时代高职院校学生职业道德教育生成机制的研究

SHUZI SHIDAI GAOZHI YUANXIAO XUESHENG ZHIYE DAODE JIAOYU SHENGCHENG JIZHI DE YANJIU

东北财经大学出版社出版发行

大连市黑石礁尖山街217号　邮政编码　116025

网　　址：http://www.dufep.cn

读者信箱：dufep@dufe.edu.cn

大连永盛印业有限公司印刷

幅面尺寸：170mm×240mm　字数：199千字　印张：16.75

2025年6月第1版　　　　　　　2025年6月第1次印刷

责任编辑：王天华　曲以欢　　　责任校对：何　群

封面设计：原　皓　　　　　　　版式设计：原　皓

书号：ISBN 978-7-5654-5643-5　　定价：85.00元

前言

在数字时代，大数据、大算力、大模型等新一代信息技术的广泛应用下，推动人类社会更广泛、更深入地收集整理自然界、社会、客户和场所等数据。人类社会经济活动过程中，通过数据化手段实现资源更广域地匹配、供需更精确地对接、交易更迅捷地完成，极大提升了社会生产力。各行各业在数字时代呈现了一系列新的特征，诸如职业工作形式的数字化、职业工作内容的数据化、职业工作方式的网络化等。例如，金融行业中传统的银行柜员岗位逐渐被智能柜员机取代，客户可以通过自助设备完成大部分银行业务。数字时代职业工作既是研发复杂与使用简单的统一，也是标准化与个性化的统一。在各行各业数字化转型的过程中，新形态的职业不断涌现，推动职业教育产生根本性变迁。例如，当客户服务岗位使用机器人完成接打电话和应答微信等工作时，高职院校财经商贸类专业必需把设计、运行、维护客服机器人等数字化技术技能培养作为教学内容。依靠数字技术的支撑，学习者不仅可以广泛接触各种职业工作信息和职业教育信息，而且可以更多地了解自身环境之外的资讯，拓宽学习途径、提高学习效果。

数字时代深刻地改变了职业工作内容与方式，而职业道德也随之发展。职业道德不仅代表了整个职业群体的共同认识，而且成为具体个人职业发展最重要的因素之一。数字化转型不仅对工作人员的技术技能提出了新的要求，对其职业道德也提出了新的要求。数字化转型推动工作岗位在实践中产生了数据隐私保护、信息安全责任、网络行为准则、技术伦理审查等新的职业道德元素。从高职院校人才职业能力培养来看，职业道德教育与专业技术技能教学两者互为条件，不可分割，缺少了其中任一部分，都将导致学生在未来职业工作中面临困难。数字化转型不仅赋予了产业端职业道德新的元素，也向高职院校学生职业道德教育提出了新的要求。在数字化转型的大背景下，许多高职院校的学生职业道德教育开展了数字化转型实践，呈现出新的发展趋势，具体包括：职业道德教育内容的数字化趋势、职业道德教育过程的线上线下混合化趋势、职业道德教育主体的校企双元化趋势等。数字技术推动的经济增长扩大了人们工作协同的范围和工作成果的影响范围，促使职业道德适应范围越来越广、界定越来越精确，进而推动各行各业职业道德多样性和普适性的统一、传承性与创新性的统一。

在数字时代，数字技术广泛应用产生的扩散效应、创新效应可以形成数字化职业工作场景，有助于缩小高职院校学生职业道德教育与职业工作之间的差距，为我国高职院校学生在职业道德教育过程中内化与外显的统一提供了机会。从数字化职业工作场景到数字化教育教学场景、再到学生习得职业道德的过程划分为三个阶段：一是数字化职业工作场景中职业道德呈现的情况；二是数字化教育教学场景中职业道德呈现的情况；三是学生习得职业道德呈现的情况。数字化职业工作场景为高职院校学生职业道德教育生成机制提供了条件。为此，我们借助智慧职教平台线上教学资源开展了线上线下相结合的教学改革，通过对比这些课程在智慧职教平台共享线上教学资源前后的校内外用户数量、评教等情况，不仅证实高职院校专业课程的职业道德部分通过线上教学评教略有上升，而且能够证实线上线下相结合的教学模式能够大幅度提高高职院校专业课程的职业道德教学产出量。我们可以预见，随着各行各业的数字化转型深入推进，学生职业道德教育在高职院校教育教学中将越来越重要。

未来研究需进一步探索数字伦理与职业价值观的融合路径，构建动态适应的教育生态体系，为培养德技并修的新时代工匠人才提供理论支撑与实践范式。

邹德军

2025 年 6 月

目录

绪论

一、研究意义

数字时代对高职院校学生职业道德教育提出了新的要求。数字时代深刻地改变了职业工作内容与方式，而职业道德也随之发展。人工智能等数字技术已经成为许多企业生产经营的工具。在数字时代，数字技术研发企业等数字经济核心部门为发展高端制造业和开展研发活动提供了数字化和智能化支持。[1]人工智能已成为赋能创业发展的重要力量，在创业机会发现与创造、机会资源整合、价值创造等环节中发挥着日益重要的作用[2]，提示技能成为生成式AI时代不可或缺的关键能力[3]。数字技术的广泛应用对职业道德提出了新的要求。例如，居家办公要求工作人员有更强的自律性，ChatGPT、DeepSeek等人工智能工具的广泛应用呼唤更高的职业道德水平。企业进行数字化转型能够提升企业的劳动收入份额，并且随着数字化转型年份的增加，该影响逐渐加强。[4]在数字时代，数字产业化与产业数字化形成了新的职业需求与新的道德要求。高职院校人才培养必须适应产业领域职业工作的道德标准。高职院校人才培养如何适应数字时代新的职业道德要求？如何把这些新的职业道德要求纳入教学？这些是高职院校学生职业道德教育必将面临的重要课题。

（一）背景

随着互联网、人工智能、大数据等数字技术的不断发展，数字经济在世界范围内获得迅猛发展，催生了许多新的职业、提出了新的职业道德标准。在数字时代，高职院校毕业生职业道德教育必须适应数字化岗位的职业道德标准。发展数字经济，数字技能赋能各行各业数字化转型升级的关键是培养数字技能人才。2021年4月，《提升全民数字技能工作方案》要求面向大数据、云计算、直播、短视频等新技能新职业，开展人工智能、云计算、大数据分析、数据可视化等数字技能培训。数字技术进步和数字经济发展离不开国家政策的支持，数字产业集群政策促进了数字关键核心技术的突破式创新，这一作用有赖于集群内主体间协同专业化创新、数字技术扩散以及数字创新要素配置效率提升机制[5]。为此，我国出台了许多发展数字经济的政策。《中华人民共和国国民经济和社会发展第十四个五年规划和2035年远景目标纲要》指出要加快建设数字经济、数字社会和数字政府，要以数字化转型整体驱动生产方式、生活方式及治理方式变革。党的二十大报告提出要加快建设网络强国、数字强国[6]。高职院校毕业的学生作为行业、企业生产、管理、建设和服务一线岗位工作高技能人才，学习和掌握数字时代新的职业道德不仅顺应了网络强国、数字强国背景下数字化转型驱动生产方式变革的时代需要，也是推动行业、企业实现数字化转型的行业需要，更是其自身获得职业发展的个人需要。高职院校职业道德教育的好坏直接影响着学生培养质量的优劣。高职院校毕业生职业道德水平的高低，直接影响着相关行业企业从业人员的整体道德水准。高职院校做好学生职业道德教育，一方面是不辱高职院校的使命，为社会输送专业水平过硬、职业技能高超的技术技能型人才，以建设祖国、贡献社会；另一方面为社会输送品格良好、道德高尚的人才，以净化行业氛围、社会风气，提高整个行业从业人员的道德素养，甚至是提高整个社会从业人员的道德水平。同时，随着人们生活水平的提高等多种因素，学生自身的吃苦耐劳精神减弱，不愿下工厂、不肯钻研技术。尽管目前国家大力发展职业教育，但是全社会对职业教育认知的改观仍尚待时日，想要形成尊重职业教育、尊重职业教育师生、不再让职教生低人一等的社会氛围还有很长的路要走。

党的二十大报告明确提出，"加快建设国家战略人才力量，努力培养造就更多大师、战略科学家、一流科技领军人才和创新团队、青年科技人才、卓越工程师、大国工匠、高技能人才"，首次把大国工匠和高技能人才纳入国家战略性人才范畴[7]。如果高职院校培养学生作为未来的"大国工匠"，那么必须着力培养学生适应时代发展的职业道德。当前，畅谈教育发展不能脱离数字时代背景，畅谈高职教育发展不能脱离数字时代技术变革，畅谈高职院校学生职业道德教育不能脱离数字时代的职业道德要求。因此，我们认为高职院校学生职业道德教育一定要顺应数字时代的新要求。

（二）研究现状与研究趋势

本书涉及高职院校学生职业道德教育和数字时代职业发展等相关研究。通过检索中国知网等，我们尚未发现专门研究数字时代高职院校学生职业道德教育的文献。因此，我们主要分析高职院校学生职业道德教育和数字时代职业道德发展等领域的研究现状及趋势。

1.职业道德教育研究的现状与趋势

河南职业技术师范学院教师赵学静较早论及职业道德教育，主要从加强职业道德教育课程体系建设、改革课程和课堂理论教学模式的角度探讨了德育工作的作用；又从因材施教的角度探讨了德育工作的开展方式，那就是贯穿学生学习的始终[8]。有的学者通过现状分析来剖析问题产生的原因，认为目前高职院校学生职业道德教育效果不好的原因，一方面是在学校的课程设置上[9]，另一方面是在家庭教育的漠视上[10]，还认为社会不良因素和风气也是造成职业道德教育效果不好的重要原因[11]。有的学者认为职业教育必须坚持公平正义、求真务实、创新发展[12]，加强青年学生道德教育的核心是树立理想信念，基础是确立良好"三观"，基本内容是社会公德、职业道德、家庭美德，并且在提升路径中提到了要重视新媒体的作用，依托新媒体来拓宽德育传播渠道[13]。当前，多元文化冲突给大学生价值观塑造带来冲击，教育内容与方法难以匹配以习近平文化思想引领大学生价值观的新需求[14]。有的学者认为贯彻落实习近平职业教育观需要坚定党的领导以找准职业教育方向[15]，帮助广大青年树立远大理想、坚定人生信念；进一步深化对广大青年的社会主义核心价值观教育[16]。有的学者认为职业道德教育在教育的实现路径上强调实践育人的形式和榜样模范人物的示范作用。有的学者[17]认为团体活动能够有效促进学生的职业道德生成，其中，个体的能动性与反思性是职业道德生长的根源，集体环境的社会化互动是职业道德形成的基础，与专业相结合的具身实践是职业道德内化的动力。[18]学者们深入探讨了职业道德教育的重要性、职业道德教育存在的问题、职业道德教育的内容和职业道德教育的路径。这些成果为我们探讨数字时代高职院校学生职业道德教育提供了许多资料和材料。

2.数字时代职业道德研究的现状与趋势

随着数字经济时代的到来，数字技能、素养的培养日益受到西方各方推崇。例如，2019年4月，英国教育部出台了《基本数字技能国家标准》（National Standards for Essential Digital Skills），明确了成人在工作场所中应掌握的基本职业数字技能清单。自2022年起，英国新增基本数字技能资格（Essential Digital Skills Qualifications，简称EDSQs）和数字功能性技能资格（Digital Functional Skills Qualifications，简称DFSQs），在公共机构、私营部门和民间社会通力合作的基础上构成了一主多元、课程因需而异、形式多样的混合式数字职业技能人才培养模式。随着数字技能人才需求的不断上升，澳大利亚设立数字扫盲培训项目，由政府拨款用于培养包括算法和计算思维、数据合成和操作及使用数字技能的能力在内的数字技能。2018年澳大利亚成立工业参考委员会（Industry Reference Committee），为职业教育学生提供数字技能培训。澳大利亚2019年发布的《2019年职业技能预测报告》，2020年发布的《数字素养技能框架》，都将数字素养技能增设到澳大利亚核心技能框架之中。随着数字素养技能培养的不断推进，澳大利亚陆续开发和使用了专业化的数字技能培训项目及与其配套的课程培训包。

为适应大数据、云计算、人工智能等新兴技术飞速发展的需要，我国各界关注数字职业技能人才培养已久。2021年10月18日，习近平总书记在十九届中央政治局第三十四次集体学习时的讲话中提出要提高全民全社会数字素养和技能，夯实我国数字经济发展社会基础；2021年11月，中央网信办制定并发布《提升全民数字素养与技能行动纲要》，明确了2025年全民数字技能达到发达国家水平和2035年基本建成数字人才强国的发展目标；2022年3月5日，时任国务院总理李克强在政府工作报告中强调要促进数字经济发展，加强数字中国建设；党的二十大报告更是指出要加快数字强国建设；党的二十届三中全会公报指出健全促进实体经济和数字经济深度融合制度。所有这些无不说明数字职业技能人才培养的必要性和迫切性。在这一系列政策的推动下，国内学者纷纷从不同角度就国内数字职业技能人才培养展开了相应的研究，如，张娟就英国学徒制"数字学徒"路线发展现状进行分析论证[19]；付云丽就近十年欧盟成人低数字技能水平提升行动作了相应的分析研究[20]；翟俊卿、石明慧指出"数字技能人才赋能数字经济转型升级，是数字化发展的重要推动力。数字经济产业刻画数字技能人才形象，数字技能人才助推数字经济产业发展，形成人才链与产业链的有机结合。"[21]贺明华就数字技能教育的技术需求维度、教育理念维度和人才培养目标维度进行了分析论证[22]。王不凡指出数字技能是人类推动数字技术发展的一个产物，是随着数字技术创新不断变革的；在体知合一的认识论视阈下，数字技能倾向于一种生成主义，并在技能性知识的层面体现出有程度的客观性[23]。杨淑萍等认为，为确保我国高职教育数字化转型的良性推进，必须做到坚持"育训结合"，朝向"德技并修"；强化数字资源保护与开放之间的平衡；开发隐私保护的多元路径；构建网络暴力的事前、事中和事后治理机制。[24] 朱军认为建立与工匠精神相契合的课程体系、利用数字化工具进行教学与实践、推动产教融合、培养自主学习与创新能力、强化职业道德教育等[25]。吴晓欠、李俊认为数字时代学生思政教育和职业道德教育要更新教学手段，完善数字教育平台[26]。这些成果说明许多学者已经关注到数字技术的广泛应用将会改变产业端职业道德状况，进而影响高职院校学生职业道德教育。这意味着当前高职院校急需系统地研究在数字时代开展学生职业道德教育的专门研究成果，厘清数字时代高职院校学生职业道德教育的新特征不仅是我国高职教育发展的重要环节，更是关乎我国公民道德水平的提高、社会良好氛围的营造、社会主义市场经济健康平稳运行的重要环节。

（三）理论价值与应用价值

我们的研究立足数字时代经济社会发展的需要，着重探讨如何培养创新型、应用型、复合型的数字职业技能人才的职业道德，从数字技术发展对职业技能人才的职业道德诉求着手，科学、准确地界定数字时代高职院校学生职业道德教育培养的内涵，进而形成正确的数字时代高职院校学生职业道德教育方法和路径。备受瞩目的《国家职业教育改革实施方案》中，具体提到了"以学习者的职业道德、技术技能水平和就业质量，以及产教融合、校企合作水平为核心，建立职业教育质量评价体系"。《国家职业教育改革实施方案》作为我国高职教育改革的方针性文件，将学生的职业道德放在首位，作为职业教育质量评价体系的重要因素。这不但充分肯定了高职院校学生职业道德教育是高职教育中不可或缺的教学内容和重要环节，更充分体现了高职院校学生职业道德教育对高职教育发展的重要作用。在数字时代，高职院校学生接受了大量数字化课程教学和虚拟仿真实践训练等专业课程教学改革。在这样的大力改革下探讨高职院校学生职业道德教育，既是落实和践行我国教育政策的实际行动，又体现了紧跟数字时代脉搏、反映社会急需的时代担当；既是对高职教育改革的支持，也是对高职院校学生未来能有更好的发展、更光明的前途的殷切期待。

我国的教育方针是，坚持实现人的全面发展，为社会培养德、智、体、美、劳的全面型人才。可见，按照我国人才培养目标和方针培养出来的人才，最基本的、排在最前面的要求应当是品德高尚、品行端正，也就是人们所说的先成人、后成才。数字时代的教育目标、教育举措、教育方针，最后也都要落实到人身上。因此，数字时代对高职院校学生职业道德教育工作方式提出了诸多新要求，从具体工作措施和方法上为提升高职院校学生的职业道德水平贡献力量，实现高职院校学生的全面发展。数字时代更呼唤那些经过专业培训、具备良好技术水平和职业道德的"工匠"，将"工匠精神"发扬下去，将中国劳动者的卓越技能和优良品质烙印在每一件"中国制造"的产品和服务之上。

二、研究内容

我们的研究围绕数字时代高职院校学生职业道德教育的新特征这一核心问题，以马克思主义人学理论、历代中国共产党人职业道德教育思想与中华优秀传统文化理论为基础，以分析数字时代产业变化带来的职业道德内涵变迁为起点，探索数字时代生活环境变化对高职院校学生职业道德教育的影响，进而通过分析文献资料和调研等研究工作总结出数字时代高职院校学生职业道德教育的新特征，为高职院校提高学生职业道德教育工作效果和效率提供理论指导。

（一）总体框架

我们的研究采用文献研究、案例研究等方法探寻数字时代高职院校学生职业道德教育的变化，从培养社会主义建设者与接班人的角度分析高职院校学生职业道德教育的新特征。研究总体框架如图0-1所示。

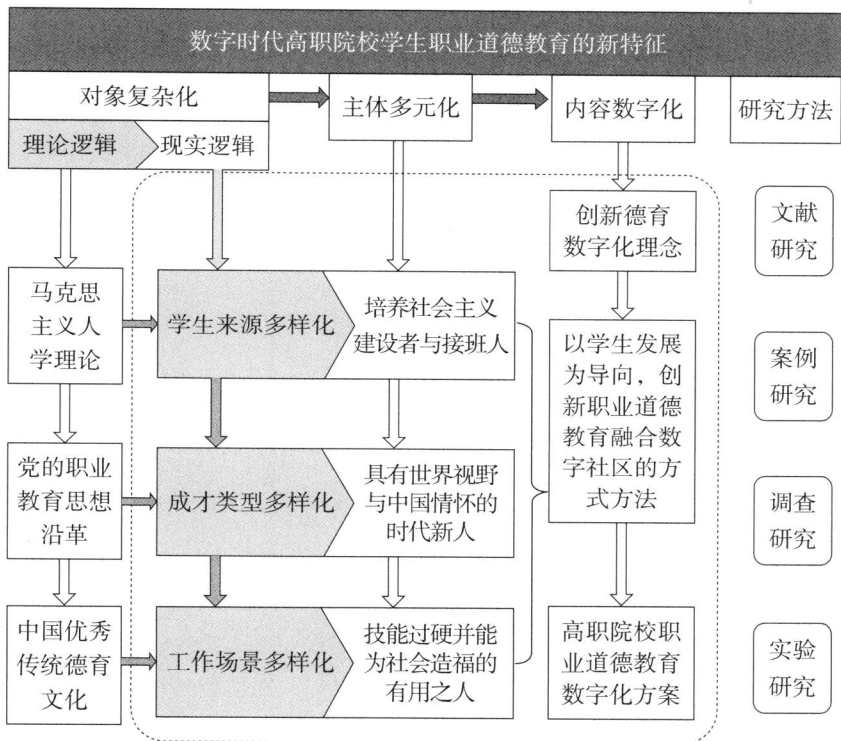

图0-1 研究总体框架

（二）研究目标

我们研究的目标是发现高职院校学生职业道德教育在数字时代呈现出来的新特征。我们基于马克思主义人学理论、历代中国共产党人职业道德教育思想与中华优秀传统文化，通过梳理和分析数字时代行业企业职业道德的相关文献资料、走访调研行业企业专家等方式研究高职院校学生职业道德教育对象、主体和内容等方面呈现的新特征，从而为高职院校提高学生职业道德教育工作效果提供指导。

（三）研究内容

我们重点研究高职院校学生职业道德教育对象的复杂化倾向、主体的多元化倾向、内容的数字化倾向，分析这些倾向的根源以及由此带来的影响。具体内容如下：

1.高职院校学生职业道德教育对象的复杂化倾向

在数字时代之前，高职院校职业道德教育工作的主要对象是在校学生，其一般在指定的时间、场所内接受教育。高职院校学生职业道德教育工作主要通过思想政治理论课程、专业课程、校园文化活动等载体进行，促使学生形成正确的价值观，了解就业岗位的职业道德现状。在数字时代，学校教学与企业工作融合更为紧密，企业通过数字化工作方式赋予学生实习实训的机会，与学校课程教学交叉融合，高职院校学生能够一边在学校学习、一边在行业企业中实践锻炼。学生有一段时空处在由企业承担的实习实训中，以致传统的学校职业道德教育工作在学生校外学习、实训期间不能发挥原有作用。学生在企业实训、实习期间，指导教师则根据学生实训、实习情况了解学生的思想动态。在数字时代，高职院校一部分现代学徒制的学生同时具有学习者与实践工作者的双重身份。从企业管理目标来看，企业对参训学生的管理更倾向于服从，企业的指导内容也更侧重于专业技术、岗位经验，较少涉及思想政治教育、职业道德与职业精神等方面的内容。由此，高职院校在数字时代的学生职业道德教育需要协调校内、校外职业道德教育工作，探索在数字技术背景下开展学生职业道德教育的具体途径，增强高职学生适应产业职业道德的能力。

在数字时代，高职院校需要加强学生职业道德网络化教育，以进一步提高学生职业道德教育的覆盖面。从我国网民结构来看，学生网民规模约占网民总量的1/5，其中，大学生网民占据了相当大的比例。手机、平板等移动设备的普及率越来越高，学生使用互联网的时间、频率也不断增加。在数字时代，学生参加企业实训，具有较高的流动性与分散性，高职院校应基于新媒体受众广、交互性强等优势，通过学生职业道德教育QQ、微信等形式加强学生职业道德教育，提高学生职业道德教育工作的时效性。一是认清学生职业道德教育工作新形势。高职学生是互联网忠实的受众群体，网络给教育教学工作带来挑战的同时，也为学生职业道德教育工作带来新的契机。高职院校要努力探索网络环境下学生职业道德教育新模式，更好地促进学生全面发展。二是创新学生职业道德教育工作主体观。网络使学生职业道德教育主体发生了新变化，学生职业道德教育工作者要加强对学生的平等性引导，促使其形成正确的价值观。三是创新学生职业道德教育工作方法观。在数字时代，学生职业道德教育不再依靠一本书、一支笔，学生也不再处于被动的接收状态，高职院校要以大胆创新、平等、有理有节的方法观开展学生职业道德教育教学工作。

2.高职院校学生职业道德教育主体的多元化倾向

传统的高职院校学生职业道德教育工作主要依靠思政教师和辅导员，前者通过讲授理论课程内容引导学生树立积极的价值观，后者通过班级管理与课后交流潜移默化地影响学生的日常行为，引导学生明辨是非、塑造健康的人格。在数字时代，高职院校学生职业道德教育主体由一元变为多元，学生在校内接受专业教师的教导，在企业接受企业师傅的指导，逐渐转变为全方位育人模式。企业师傅与企业环境也是高职院校学生职业道德教育主体之一，其对高职学生的渗透作用主要体现在以下两方面：一是企业师傅影响下的人格塑造。企业师傅的工作态度、为人处世以及工作中的一言一行，影响着学生对专业的热爱以及职业生涯的憧憬。二是企业环境影响下的思维方式变化。利润与效益是企业追求的目标，这种思维方式与校内教师差异较大，可以促使学生从新的角度看待问题并寻找解决思路，在潜移默化中提高职业素养和技术水平，形成良好的工作作风。

在数字时代，高职院校学生职业道德教育必须善用企业职业道德教育资源，校企联合构建学生职业道德教育平台。数字时代高职院校学生职业道德教育工作需要学校、企业的高度配合，高职院校只有善用企业的职业道德教育资源，才能形成校企共同实施学生职业道德教育工作的合力，提高学生职业道德教育工作效果。第一，深入挖掘利用企业生产经营中形成的职业道德教育资源。企业核心价值观是企业生存与发展的核心内容，主要包括团队精神、社会责任、绩效理念等，对高职院校学生职业精神的养成具有重要价值。企业的创新意识关乎企业的发展，只有通过技术、管理创新，企业才能在竞争激烈的市场中立于不败之地。这对培养学生的创新创业意识有着积极的影响。企业的制度文化是企业员工必须遵守的行为准则，学生在企业学习、实训期间接受企业制度文化的熏陶，有利于提高学生的规则意识。高职院校要善于挖掘企业资源中对学生发展有利的资源，将其融入学生职业道德教育教学工作，更好地提升学生职业道德教育教学工作效果。第二，联合企业共同开展学生职业道德教育教学。校企协同育人使高职院校学生职业道德教育主体由一元转变为多元，高职院校要积极与企业沟通，在合作协议或实习合同中明确规定双方的学生职业道德教育责任与基本内容，从而保证学生职业道德教育的连贯性，使学生在企业的职业道德教育教学落到实处。

3.高职院校学生职业道德教育教学内容的数字化倾向

传统的高职院校学生职业道德教育教学工作主要从理想信念入手，强化学生的社会责任感与历史使命感，提高其思想道德水平与法律意识，职业道德教育工作主要由思政教师、班主任、辅导员完成。在校企协同育人模式下，学习内容从理论课程与实训课程学习转变为"理论学习+岗位实操学习"，学习方式由偏重理论学习转变为工学交替形式，评价内容由校内教师评价转变为教师与企业师傅联合评价，学习环境、学习内容、学习方式、评价方式都产生了数字化倾向，急需优化学生职业道德教育教学内容、打造开放式学生职业道德教育工作体系。高职院校应以职业生涯规划发展为载体进一步优化学生职业道德教育内容，以职业道德教育为主要内容，重视学生实践能力的培养，着力提高学生职业道德教育实效。第一，重视职业生涯规划指导。高职院校学生职业道德教育应与爱国主义教育、理想信念教育相结合，通过职业生涯规划课程帮助学生树立职业发展意识，使学生认识到自身的职业兴趣与未来职业方向，树立远大理想；通过职业生涯规划课程提高学生的岗位认知，培养其岗位适应能力，为个人发展奠定理论基础；通过职业生涯规划课程培养学生的数字技能，提高学生的就业能力与心理抗压能力。第二，优化职业道德教育的内容。高职院校学生职业道德教育教学要结合学生特点，增加职业精神等方面的内容，使学生养成良好的职业道德行为，具有爱岗敬业等职业精神；要增加相关实践内容，将岗位对劳动者职业技能、职业道德的要求纳入学生职业道德教育教学内容，使学生在职业道德教育中形成良好的职业行为习惯；要结合学生职业道德教育教学的特殊性，加强社会公德教育、心理健康教育等内容；还要融入产业端职业道德的新理论及新案例，提升学生职业道德教育教学的前沿性。第三，加强企业师傅的职业指导。学生在企业学习实训期间，企业师傅在技术指导过程中，要加强职业精神、职业道德教育，使学生尽快明确岗位责任及行为规范。企业师傅要以身作则，为学生树立榜样，通过一言一行影响学生，促使学生养成爱岗敬业、乐于助人、不怕困难、勇于创新的风范。

（四）重点难点

我们研究的重点是高职院校学生职业道德教育内容的数字化倾

向。在数字化时代，解决由数字化带来的新问题的最佳手段还是数字化。通过高职院校学生职业道德教育内容、方式和评价等的数字化，可以把高职院校职业道德教育工作覆盖到学生学习、生活和企业实践锻炼等方方面面。

我们研究的难点是高职院校学生职业道德教育对象的复杂化倾向。厘清数字时代高职院校学生职业道德教育对象的状况是研究学生职业道德教育的重要条件。高职院校教育教学中工学交替、生源多样化、高职教育突出服务终身职业发展等状况，使得高职院校学生职业道德教育对象层次和类型多样化。这增加了分析和研究高职院校学生职业道德教育对象的难度。

三、思路方法

（一）基本思路

我们通过查阅文献资料、参加和举办学术会议、实地调查等途径确定高职院校学生职业道德教育对象的复杂化倾向。在此基础上完成高职院校学生职业道德教育主体的多元化倾向和内容的数字化倾向研究，分析高职院校学生职业道德教育内涵、外延、方法等，重点研究教师与学生（学员）的职业道德教育融合专业技术技能教学的模式，探索高职院校学生职业道德教育实施方法，并进行试点实践检验。

（二）研究方法

1.文献分析法

对数字时代职业道德、高职院校学生职业道德教育、高等职业教育发展等文献资料进行系统的了解与总结，结合以往研究成果，运用文本分析的方法，找出其内在规律，然后再加以运用。

2.调查法

对行业企业、高职院校、教育研究机构和教育行政部门的职业道德教育教学和管理人员进行实地调查，以取得一手研究资料。

3.专家访谈法

依托项目负责人所在高职院校等实施的高职院校学生职业道德教育等具体工作，面向行业专家、教育专家开展访谈研究。

第一章

数字时代与职业工作

当我们回顾过去半个多世纪，给人类社会带来最大变化的技术应当是数字技术。当我们展望未来半个世纪，将要给人类社会带来最大变化的极有可能还是数字技术。新质生产力是数字革命下生产力现代化转型和跃升的最新体现。[27] 现代产业已然被"数字技术"所环绕。数字技术已经不仅仅是一个学术概念，同时也是能够影响产业发展与产业生存的重要工具，各种与数字技术相关的新业态和新概念已经深入许多传统产业的各个层面，比如基于数字技术的移动支付等新工具已经渗透到社会各个层面。当前，我们的社会正处在数字化转型的加速期。习近平总书记指出："要激发数字经济活力，增强数字政府效能，优化数字社会环境，构建数字合作格局，筑牢数字安全屏障，让数字文明造福各国人民。"[28] 数字化转型给人类社会方方面面带来了巨大变革，覆盖了全球各个行业和地区，波及人们工作、生活等各个领域，也必然会影响到人们的职业工作。

第一节　数字时代的形式与特征

数字时代是数字成为经济社会活动中关键劳动资料的时代。马克思主义区分时代的重要依据是劳动资料。马克思指出："各种经济时代的区别，不在于生产什么，而在于怎样生产，用什么劳动资料生产。"[29] 技术革命是推动劳动资料发生质的变化的根本动力。纵观人类历史，出现了三次技术革命：第一次技术革命以蒸汽机的广泛应用为代表，推动了工业化生产方式，极大地提高了生产力，提高了人们的生活水平；第二次技术革命以电力的广泛运用为标志，进一步推动了工业化发展，进一步促进了生产力发展，人类社会更加繁荣；第三次技术革命以电子计算机及互联网的发明和广泛应用为代表，标志着数字技术的崛起和数字时代的到来。在数字时代，生产方式变革的关键是劳动资料的数字化，即大数据、物联网、云计算、人工智能等数字技术推动的劳动资料数字化，包括数字化劳动工具、数字化劳动空间、数字化传输和动力系统等等。这个过程称为"劳动资料的数字化"[30]。随着数字技术革命的快速演进，数字技术创新能力已成为决定产业发展、经济增长和国家综合竞争力的关键因素。[31] 由于数字经济是伴随信息和通信技术的逐步发展而兴起的，故本文以数字技术变革及其对社会经济发展的影响来梳理数字技术的发展历程。数字技术对经济社会的影响经历了萌芽孕育期（20世纪40年代至20世纪末）、快速成长期（21世纪初至2015年）、全面繁荣期（2016年至今）三个阶段。

一、数字时代的形式

数字时代的突出表现是数字技术及由其带来的数字化，包括数字产业、数字模式与数字业态。其中，以物联网、人工智能、云计算等为代表的数字技术是数字时代的核心。数字科技创新引领数字经济产业高质量发展过程中，要以强化数字科技基础研究为引领、以加快数字核心技术开发和加强数字技术创新应用为核心、以发挥数字平台资源配置为支撑。[32] 数字技术的广泛应用改变了原有的生产经营方式和经济运行模式并催生出众多新的产业、新的经济业态和新的商业模式。

（一）数字技术

数字技术是将现实中图、文、声、像等信息转化为电子计算机能识别的汇编语言后进行运算、加工、存储、传送、传播、还原而形成新的信息，通过屏幕等设备展现图、文、声、像等信息，通过物联网运行生产经营智能设备等帮助人类完成特定工作的技术总称。数字技术包括大数据、物联网、人工智能、区块链、云计算等。数字技术为数字时代的到来和繁荣提供了基础技术支撑，同时也为产业数字化和数字产业化提供了技术支撑。典型的数字技术见表1-1。

表1-1   典型的数字技术

典型的数字技术	主要内容
计算机	计算机（computer）是一种用于高速计算的现代化智能电子设备，既可以进行数值计算，又可以进行逻辑计算，还具有存储记忆功能，能够按照程序运行，自动、高速地处理海量数据。计算机的发明者是约翰·冯·诺依曼。计算机已遍及一般生产经营活动和人们日常生活，成为人类社会中必不可少的工具
互联网	互联网（Internet）是将计算机网络互相联接在一起、覆盖全世界的庞大网络，包括交换机、路由器等网络设备、各种不同的连接链路、种类繁多的服务器和数不尽的计算机、终端等。我国2024年全年移动互联网用户接入流量3 376亿GB，固定互联网宽带接入用户63 631万户，蜂窝物联网终端用户23.32亿户，互联网上网人数10.92亿人，互联网普及率为77.5%[33]。互联网已经成为数字时代的基本工具
物联网	物联网（IoT）是一种通过多种网络技术和信息传感设备（如射频识别、红外感应器、全球定位系统、激光扫描器等）将人、机器和物体连接起来的系统。它通过信息传输和协同交互实现了对物体的智能化感知、识别、定位、跟踪、监控和管理。[34]物联网已经广泛应用到了无人工厂、无人超市等领域
大数据	大数据（Big Data）大数据是以容量大、类型多、存取速度快、应用价值高为主要特征的数据集合，正快速发展为对数量巨大、来源分散、格式多样的数据进行采集、存储和关联分析，从中发现新知识、创造新价值、提升新能力的新一代信息技术和服务业态。①简单说，大数据是一种对大量数据进行收集、加工，进而开展价值再创造的数字技术

---

① 国务院. 关于印发促进大数据发展行动纲要的通知（国发〔2015〕50号）〔Z/OL〕.〔2024-12-04〕.https: //www.gov.cn/zhengce/content/2015-09/05/content_10137.htm.

典型的数字技术	主要内容
区块链	区块链（Blockchain）是一种基于分布式数据存储、点对点传输和加密算法技术的新型应用模式。区块链的核心是去中心化，通过使用加密算法、时间戳、树形结构、共识机制和奖励机制，在分布式网络中实现点对点交易，解决了中心化模式存在的可靠性差、安全性低、成本高、效率低等问题。[35] 区块链是数字时代最重要的安全工具之一，现已逐渐广泛应用于金融、商贸等各个领域的数字安全
云计算	云计算（Cloud Computing）是一种分布式并行计算、公共计算、网络计算的方式。云计算包含"软件即服务"（SaaS）、"基础设施即服务"（IaaS）、平台即服务（PaaS）三部分。云计算通过虚拟化技术建立了功能强大、可伸缩性强的数据和服务中心，为用户提供足够强的计算能力和足够大的存储空间。[36] 在云计算的环境下，用户通过互联网终端随时随地访问云，提高了数据处理效率
人工智能	人工智能是自然科学和社会科学的交叉，是用于模拟、延伸和扩展人的智能的数字技术，包括机器人、语言识别、图像识别、自然语言处理、专家系统、机器学习、计算机视觉等，是"拥有智能的机器"[37]

近年来，我国加大科技创新投入，一些数字技术已达到了世界领先水平，如人工智能、智能语音技术、无人飞行器技术、云计算技术等。数字技术已成为推动全球经济增长的重要引擎。随着数字技术的不断发展，新的经济形态逐渐成为推动经济增长的重要力量。[38] 数字技术的迅猛发展和广泛应用，不仅改变了传统生产和消费模式，为新质生产力构筑了强劲的内生动力，更为经济社会发展注入了新的活力。

（二）数字化

数字化主要指以数字技术为基础，以市场的数字需求为依托，进而推动经济社会广泛应用数字化的重大变革，包括数字产业、数字业态、数字模式等。

数字产业是以数字技术研发和创新为主的产业。在数字技术推动下，涌现出多种数字产业，具体可以分为三类：一是直接由数字技术成果及其应用催生的数字产业，包括数字产品研发及服务、数字技术应用开发、数字转型咨询服务等产业。二是传统产业借助数字技术形成的新兴产业，包括节能环保数字化产业、生物数字化产业、高端装备制造数字化产业、新材料数字化产业和新能源汽车数字化产业等。三是适应社会需求而兴起的新产业，包括数字信息服务、数字金融服务、数字文化旅游服务、数字健康养老服务等产业。作为发展新质生产力的核心引擎，数字经济提供了丰富的数据信息、先进的数字技术以及强大的数字产业支撑。[39] 数字化不仅为产业发展带来新的增长点，还为就业创造了更多机会。同时，数字化也面临一些发展挑战，如数据隐私、安全问题及人才紧缺等等。

数字业态指顺应数字时代产品或服务需求多元化、多样化、个性化的趋势，通过数字技术创新和应用，基于已有业务形态衍生出的数字服务环节、数字服务链条、数字服务活动等新的业务形态。数字业态本质上是数字技术对传统业务形态的创造性改变，是业态数字化的结果。数字化促使各行各业有效落地人工智能、工业机器人、元宇宙、数字内容等代表性的新兴数字技术，提高了生产要素质量，催生出新需求、新业态、新模式，为新质生产力发展增势蓄能。[40] 数字业态在数字技术基础上把现有产品和服务转化为数字产品、数字展示和数字管理等方式，通过业务形态数字化创造新的市场价值。新型消费，是指基于新技术、新业态形成的消费行为和消费方式，从业态上看，主要表现为即时零售、直播带货等消费新业态。[41] 近年来，随着数字技术发展、生产力提高和消费者需求多样化，各行各业在数字技术的催化下不断经历分化、整合和跨界融合，从而产生了许多数字化业务形态。例如，远程教育、互联网医院、直播电商等数字业态发展迅猛。

数字模式是指为在数字时代基于数字技术实现用户价值和企业持续盈利目标，对企业经营的各种内外要素进行数字化整合和重组，极大地提高了生产经营效率并形成独特的数字化竞争优势的业务运行模式。数字模式包括无人模式、平台模式、共享模式等。数字模式的出现源于数字技术的快速发展及社会需求多样化、个性化的趋势。数字技术的进步促进了数智化时代下新兴社会形态的形成，且这种变革正在持续地影响着社会生产方式的转变。[42] 新兴业务又强化了数字模式。无人模式、平台模式、共享模式等数字模式在数字技术的加持下形成数字化、轻资产、融合性、动态性的竞争优势。一是数字化。人工智能、大数据等数字技术提供数字产品，推动传统业态数字化。二是轻资产。与传统经济所依赖的厂房、机器不同，数字技术的生产与应用主要依赖网络、数据和高技术人员等轻资产。三是融合性，数字技术推动各行各业在内容或形态上相互渗透、相互融合，共同促进经济社会发展。四是动态性。数字模式要求企业随着数字技术发展和社会需求升级不断进行动态调整，以适应社会经济的发展需要。典型的数字模式见表1-2。

二、数字时代的基本特征

（一）虚拟性

随着数字技术的广泛应用，数字时代出现了许多数字产品和服务。这些数字产品和服务具有虚拟性，以数字形式存在于计算机、互

表1-2 典型的数字模式

典型的数字模式	主要内容
无人模式	无人模式的典型是无人工厂。无人工厂应用工业机器人、工业互联网、工业软件等，大幅度缩减生产过程中的人工数量，在生产线运行过程中现场几乎没有工人。工业机器人是指在工业领域中使用的多关节机械手臂或多自由度机器装置，通过自身动力和控制能力实现自动化工作。工业机器人广泛应用于汽车和电子制造业的传统生产环节，如搬运、焊接、装配和拆卸等。工业互联网是信息通信技术与现代工业技术深度融合的产物。它通过数字化平台将设备、生产线、工厂、供应商、产品和客户紧密连接在一起，实现跨设备、跨系统、跨厂区、跨地区的互联互通，从而提高生产效率。工业互联网被视为当前全球产业竞争的新高地。工业软件是提升工业企业研发、制造和生产管理水平以及工业管理性能的专用软件。工业软件被称为智能制造的"大脑"，它承载了丰富的生产经验和知识，包括嵌入式软件和非嵌入式软件。嵌入式软件用于控制器、通信和传感设备中的数据采集、控制和通信等功能，而非嵌入式软件则用于通用计算机中的设计、编程、工艺、监控和管理等任务。这些关键应用共同构建了智能制造的基础，并在提高生产效率和加强产业竞争力方面发挥着重要作用
平台模式	平台模式是以数字技术为支撑、依托实体交易场所或虚拟交易空间吸引产业链上下游相关因素加入，促成双方或多方之间进行交易或信息交换的商业模式。平台本身不生产产品，但可以促成供求双方的交易，收取佣金或赚取差价来获益。平台经济具体由四部分构成，首先是基础层，具体指搭建平台的相关软硬件设施，以"云网端"（云计算、物联网、智能终端）为代表。其次是平台层，主要是指提供平台服务的企业，负责平台建设和管理。再次是应用层，是平台经济中的服务者，其直接为用户提供服务。最后是用户层，是平台经济中的服务对象

典型的数字模式	主要内容
共享模式	共享模式是指利用互联网等现代信息技术，以使用权分享为主要特征，整合海量、分散化资源，满足多样化需求的经济活动总和。共享经济具备以下三个特点：一是互联网平台是载体，交易行为必须通过共享平台实现；二是大众参与，共享经济是个双边市场，商品和服务供需双方参与越多，资源匹配越快越准，交易成本越低；三是商品使用权与所有权分离，闲置资源使用权作为独立经济要素参与交易。不同于传统经济下商品所有权和使用权的完整性，共享经济的商品所有权仍属于供给者，只是将使用权让渡给需求者，两权分离能够将商品的闲置产能最大限度地发挥出来，降低物品使用价值的浪费

联网等相关设备，服务人类社会的生产和生活。虚拟性突出了数字产品的存在形式是数字化的，不同于传统产品的实体形式。当然，以数字化形式存在的数字产品必然来源于现实世界，并且其目的在于服务人类社会在现实世界的生产和生活。例如，电子商务活动所使用的电子虚拟货币以及因特网内容提供商提供的流媒体和空间服务等都是以数字形式存在的、具有虚拟性的数字产品，但这些电子货币等数字产品显然是对实体产品的数字化，并且为人们的交易服务。虚拟集聚是数字经济时代产业空间组织的新形态，是资源配置的新空间。[43] 因此，数字产品的虚拟性遵从这样的基本逻辑：现实性—虚拟性—现实性。人类无法识别和使用的数字产品必然没有市场。离开了人们在现实世界的需求，厂商也没有动力去广泛应用数字技术开发纷繁复杂的数字产品。人类依据数字技术生产的、具有虚拟性的产品源于现实世界，并最终服务现实世界。在数字时代，海量数据作为生产要素

也是一种虚拟的资源。在大数据运用视角下，为了有效提高经济发展速度，有关人员应结合大数据运用实情对海量数据信息进行量化分析，探究大数据蕴含的经济发展信息，根据大数据反馈设计合理的经济发展策略，力求将现有的大数据资源转化为经济发展的重要动力之一。[44]数据存在于计算机数据库和互联网线上空间，需要掌握数字技术的劳动力和大量资本投入才能挖掘、发挥数据作为生产要素的效率优势。相较于传统的实体产品，数字产品和数据的虚拟性具有显著的成本优势和效率优势，能大幅度提高社会生产力。

数字产品和数据的虚拟性派生出收益递增的特性和共享性。数字技术研究与开发需要大量人力与物力，数字产品的初始投入成本极高，而数字产品在后续大量重复使用过程中的成本极低。数字产品的初始成本极高与后续大量重复使用成本极低并存的情况源于数字产品的虚拟性。数字产品开发成功之后以虚拟方式存在于计算机、互联网设备之中，后续大量重复使用使其生产成本持续递减，即每增加一单位的产品产量，其生产成本即相应减少，最后甚至趋于零。虚拟性使得数字产品复制成本极低。以软件行业为例，研发阶段需要一次性投入研发成本，但之后每生产一份软件产品，只需简单复制即可投入使用。数字技术的虚拟性使得数字产品可以通过计算机、互联网等快速复制、传输和分发，从而使数字产品的制造成本、运输成本和使用成本趋于零。虚拟性还使得数字产品和服务在同时使用时并不能排除其他人使用的可能性。这意味着数字经济在扩大产量时，不需要额外投入大量资源和成本，以较低的边际成本无限增产，即越来越多的企业和个人在使用同一数据时，不仅不会减少其他人对该数据的使用量，还会不断拓展数据的价值，这就决定了数据的高使用效率与巨大的潜在经济价值[45]。数字产品使用者越多，则每个用户从使用数字中获得的效用也越大。数字贸易的发展加速了知识与信息的即时共享，突出了数据要素优势，重塑了全球现代化生产网络，促进了产品和服务的跨区域生产协作。[46] 例如，电子商务平台随着使用者的增加能够吸引更多商家和顾客，从而扩大商家和顾客相互的选择空间，从而更容易实现整体效用的最大化；社交平台随着使用者的增加，将吸引更多社会关注，从而提高使用者效用。数据、数字产品和服务具有的易复制、可反复使用、重复使用无损耗、大量重复使用边际成本低、使用者增加能够提高使用者整体效用等特点都源于虚拟性。

虚拟性允许数据与数字产品以开放、共享和流动等方式促进价值链上不同行业、不同企业以及不同组织之间的大规模协作和跨界融合，实现了供应链的优化和重组。数据和数字产品的持续分享不但不会减少各方效益，而且会使各方的效益持续增长。这会促使社会各方共享数据和数字产品。社会经济组织和个人，如平台、企业、消费者，通过数据分享使各方能够获得效益的增长，称为共享性。近年来，我国加大数字基础设施建设，各种按需服务的云模式和商贸金融服务平台等降低了社会各方使用数字技术的门槛，使得数据与数字产品出现"人人参与、共建共享"的普惠格局。数字经济的互惠共享特征在普惠科技、普惠金融和普惠贸易等领域都有所体现。例如，科技领域以云计算为代表的按需服务业务使个人和各类企业能够以较低的成本轻松获取所需的计算、存储和网络资源，不再需要购买昂贵的软硬件产品和网络设备，极大地降低了技术门槛。据阿里研究院的测算，云计算的使用可以将企业的 IT 成本降低 70%，使创新效率提高 3倍。数据本身也成为跨境贸易的对象。在数字经济时代，数据跨境交易、生成式人工智能跨境服务贸易等数字贸易新形态应运而生，WTO 框架下传统的货物贸易、服务贸易规则无法直接适用于这一新兴领域，因而产生新的规则需求。[47] 跨境电商在贸易领域的迅速发展使各类贸易主体都能够参与全球贸易并从中获利，推动了贸易秩序的公平和公正。随着数字技术的进步，数据和数字产品的共享使用成本将进一步降低，而共享产生的效益进一步提高。

　　数据与数字产品的虚拟性派生了易复制、可反复使用、重复使用无损耗、大量重复使用边际成本低、使用者增加能够提高使用者整体效用等特性，而这些派生特性又产生了共享性。数据与数字产品的共享性对各行各业产生了深远的影响，催生了许多新的产业、新的业态和新的岗位。数字经济时代，制造企业的经营逻辑由产品主导逻辑向服务主导逻辑转变，数字服务化成为服务主导逻辑的重要实现路径。[48]随着数字技术的进步，数据和数字产品会经历多轮"现实性—虚拟性—现实性—虚拟性……"的过程，并在不断发展中产生效率更高的数据和数字产品，对人类经济社会数字化进程发挥重要作用。虚拟性及其派生特性的关系如图1-1所示。

图1-1　虚拟性及其派生特性的关系

（二）渗透性

　　在数字时代，数字技术作为一种通用的基础技术能够广泛应用到各行各业，产生极高的比较优势，能够快速促使各行各业在数字化的基础上实现不同行业、不同企业以及不同组织之间的大规模协作和跨界融合，从而形成新的竞争优势。数字时代，数字技术广泛应用于各行各业生产经营的全过程，数据与数字产品融合众多行业的专业工作成果，出现了第一、第二和第三产业许多产品和服务在数字化的过程中相互融合的态势。例如，一些电商平台通过直播、短视频等方式吸引大量顾客，同时联合工厂、农户等以柔性制造等方式提供个性化产品，再通过物流配送满足多样性的服务需求。在这个过程中，众多厂商通过数字技术形成强大的供应系统，能够满足大量、多样化的社会需求，从而形成明显的竞争优势。优势企业通过推动主要供应商的数字技术创新和主要客户的数字资产投资，实现了数字化能力的传导。[49]数字技术广泛应用到各行各业，渗透到经济社会运行的各个环节，显著提高了各部门要素之间的协同性，大幅度提高了生产力。工业经济时代的分工和生产模式决定了农业、工业以及服务业之间存在较明显的界限，彼此相互渗透较少，存在关联渗透的地方仅限于部分产品的交叉使用和服务对象的部分重叠。数字技术提高了社会需求链上各个产业、企业和其他经济组织之间的关联度和融合度，推动创新链、供应链、产业链和价值链的融合共通。例如，徐州重型机械有限公司是徐工集团旗下核心支柱企业，近年来率先在数字化方面探路，立足工程机械行业特色与全球趋势，高标准制定"智慧重型"顶层规划，将数字技术渗透到研、产、供、销、服和运营管理全价值链，赋能企业高质量发展，争树行业典范。[50]物联网、大数据、人工智能、卫星遥感、北斗导航等现代信息技术在农业生产活动中的渗透率不断提升，产品溯源、智能灌溉、智能温室、精准施肥等智慧农业新模式被广泛推广，大幅提高了农业自动化水平和生产效率。在数字时代，数据要素与传统要素（如资本、劳动和自然资源）协同融合，加速了数字技术的创新需求与供给，促进了数字技术扩散，优化了生产要素的配置，提升了各行各业的生产效率。依托数字技术开展的数字新基建推动了经济发展。数字新基建通过替代效应缩小了区域经济增长差距；数字新基建与技能型劳动力集聚存在互补效应，地区数字新基建水平越高，技能型劳动力集聚越有助于缩小区域经济增长差距。[51]数字技术弱化各行各业的传统边界、使得各类产业之间能够更紧密地连接和融合的特性称为渗透性。

渗透性使得数字技术可以多种方式快速融入各行各业，并通过快速迭代形成示范效应，从而引导市场各方积极响应。根据中国信息通信研究院《中国数字经济发展研究报告（2024 年）》，2023 年全国"5G+工业互联网"在建项目超 1 万个，在工业、采矿、电力、港口、医疗等行业实现规模复制，在水利、建筑、纺织等领域正加速探索。5G 物联网终端连接数从不足 40 万个提升至超过 3 000 万个，全国 25 个主要沿海港口中的 5G 应用比例达 92%，在 20 强煤炭和钢铁企业中的应用比例分别达到 95% 和 85%。我国已建成 2 500 多个数字化车间和智能工厂，经过智能化改造，研发周期缩短约 20.7%、生产效率提升约 34.8%、不良品率降低约 27.4%、碳排放减少约 21.2%。2023 年全国软件和信息技术服务业规模以上企业超 3.8 万家，累计完成软件业务收入 12.3 万亿元，同比增长 13.4%，收入实现高速增长。2023 年我国一、二、三产业数字经济渗透率分别为 10.78%、25.03% 和 45.63%，分别较上年增长 0.32 个百分点、1.03 个百分点和 0.91 个百分点，第二产业数字经济渗透率增幅首次超过第三产业。[52]数字技术在第一产业渗透率从 2016 年的 6.2% 上升到 2023 年的 10.78%；在第二产业渗透率从 2016 年的 16.8% 上升到 2023 年的 25.03%；在第三产业渗透率则从 2016

年的 29.6% 上升到 2023 年的 45.63%。数字技术在各产业渗透率
（2016年与2023年对比）如图1-2所示。

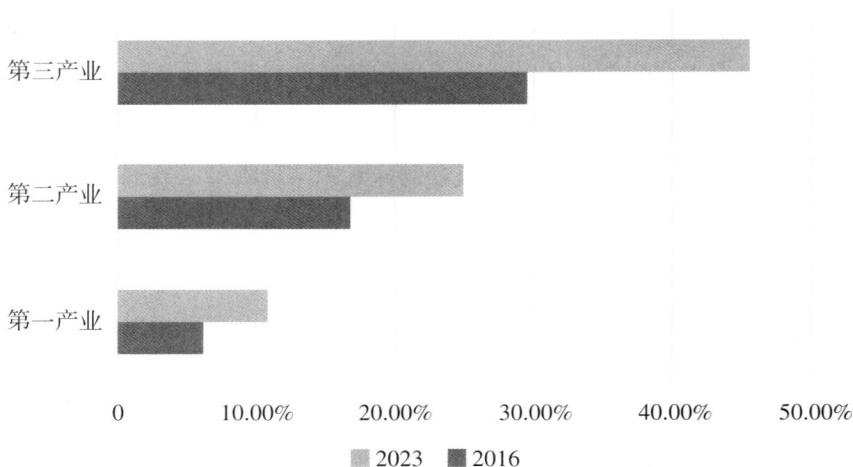

图1-2　数字技术在各产业渗透率（2016年与2023年对比）

从企业生产经营来看，数字技术的渗透性在于构建了基于数据与
数字产品的竞争优势，不仅使企业可以更快速地整合供应链各个厂商
以响应消费者的个性化、动态的需求，而且使得企业大幅度降低生产
经营成本、减轻员工劳动强度。从经济社会发展来看，渗透性使得数
字技术不仅能够打破原有固化的经济组织结构，把庞大的供应链体系
颗粒化为一个个具体的任务，选择最佳经济组织和路径配置各类社会
资源，而且能够促使厂商以整体的态势提供丰富多彩的、具体的系列
产品和服务，在数字技术的基础上不断动态匹配社会需求和供应，从
而扩大市场容量、促进经济增长。数字经济与实体经济的融合是由数
字技术在实体经济活动中的渗透与扩散所带来的，数字技术在实体经
济中的集成应用能够通过提升创新能力来重塑发展动力，通过推动产
业升级来优化发展过程，通过提高全要素生产率来改善发展结果，从
而为经济高质量发展提供新优势与新动能。[53] 社会经济发展形成的

新形态供求在数字技术基础上逐步实现了破与立的统一、个体与整体的融通、静态与动态的协同。数字技术革命的迅猛爆发，一方面激发了变革治理模式和生产生活方式的想象力，另一方面又在不断维护和巩固着技术能力及资本能力占优势的巨型平台的地位。[54]这个过程正是数字技术渗透性的表现，也是数字时代社会变革的根本特征之一。

第二节　数字时代职业工作的变化及特征

在数字时代，借助大数据、大算力、大模型等新一代现代信息技术，可以更广泛而深入地收集整理自然界、社会、客户和场所等数据，社会经济活动过程都可以通过数据化实现更广域匹配资源、更精确对接供需、更迅捷完成交易。数字技术支持的无人工厂、无人商店等数字化经营工具、交易工具、娱乐工具已经深刻改变社会生产和生活方式。人类社会已经置身于数字时代，数字经济、数字政府、数字生活、数字消费等等，制度、技术、组织乃至人类个体都面临着深刻变革[55]。以移动互联网、云计算、大数据、人工智能、物联网、区块链等信息技术、数字技术为基础，人类社会正在经历向数字经济全面转型的过程之中，这是人类社会自工业革命以来最深刻的经济变革和社会变革。数字零工劳动具有依赖平台、灵活自主、低门槛及复杂劳动关系等特征，成为现代社会中重要的就业形式。[56]在这一过程中，新就业形态和新的工作内容不断涌现，成为劳动力市场最前沿的话题。新职业的不断涌现，为劳动者提供了更多就业机会和职业发展机会。[57]数字时代职业工作内容也正在发生深刻变革：一方面，数字技术工作职业化；另一方面，职业工作数字化。为此，我们需要从职业教育的角度审视数字技术提供更多维、更创新的职业工作的内容。

一、数字时代职业工作的新表现

在数字时代来临之际，各行各业的职业工作呈现了一系列新的表现。数字技术应用显著提升了就业结构中高技能劳动力和中等技能劳动力占比，同时对低技能劳动力占比具有显著的降低作用。[58]首先，是职业工作形式的数字化。在数字时代以前，职业工作信息的存在形式是纸张或磁带。数字时代来临之后，数字技术将职业工作信息编码为电子信号，以光速传送，大幅度提高了职业工作效率。随着大数据、人工智能等先进技术的突破与运用，全球经济发展朝着数字化、智能化转型已成为潮流。[59]在数字时代，职业工作的最重要内容是收集、加工、存储、优化、传递数字化信息，并通过数字化信息控制智能设备和人。这使得职业工作呈现数字化的趋势。例如，商家通过电商平台展示商品供应信息、收集客户需求信息、发出物流指令信息等等。其次，是职业工作内容的计算化。职业工作的数字化意味着职业工作的信息能够作为数据，进入计算状态。例如，家电制造商可以将制造与销售过程数字化，通过收集、计算、优化生产数据，输出成柔性供应链中的生产决策信息。再次，是职业工作方式的网络化。包罗万象的物联网不仅延展了职业工作的时间和空间范围，还将不同时空的职业工作紧密地结合在一起。例如，借助5G等高速无线通信技术，将车辆制造、服务、安全监控与车险等职业工作构成了相互关联的网络。最后，是职业工作方法的智能化。在数字时代，物联网广泛应用，职业工作的信息作为数据被收集起来，经过分析、清洗、优化，推动职业工作呈现智能化的趋势。例如，美的无人工厂生产线上几乎看不见工人，各种各样的机器人24小时不停地工作，而技术人员主要在空调房内完成编程和监测，而一次装机合格率高达99.9%。①这些新的表现显示数字技术支撑的职业工作发生了根本性变革：

第一，数字技术拓展了职业工作的时空边界。理论上，每一个人足不出户就可以为全球任何地方、任何人员提供职业工作服务。

第二，数字网络促进了职业工作的信息无限共享。由于数字信息复制与传递的便捷，人们可以通过网络交流和获取海量职业工作信息。

第三，数字信息传递提升了职业工作效率。数字网络中的职业工作信息收集、分析、优化和交流几乎能够实时完成，而且成本大幅度降低。

第四，数字化的便捷带来了职业工作对于数字技术的依赖。职业工作的信息传递方式越来越趋向于数字网络。

第五，数字化推动了职业工作对复合型技术人才的需求。人们为了胜任数字网络工作环境，不仅需要掌握专门的行业技术，还必须掌握数字化技术、运用智能设备。职业工作的根本性变革必然会推动职业教育发生根本性变迁。

二、数字技术工作职业化

（一）数字技术基础研究工作的集成性

数字技术基础研究是支撑数据技术发展的基石。数字技术创新发展是数字技术基础研究的成果，推动数字存储量、数字计算速度等关键设备以几何级数增长。数字技术基础研究必须集成高端的计算科研

---

① 佚名.人形机器人时代即将来临：美的集团创新研发，市场蓄势待发［EB/OL］.［2025-03-18］.https://www.sohu.com/a/872720334_122066675.

人员和高、精、尖的计算设备设施等，使得数字技术基础研究成为特定的职业工作。

首先，高端的计算科研人员是数字技术基础研究的人才条件。算力是数字时代各行业企业数据处理的关键环节，而计算人才则是各行业企业持续提高数据处理能力的关键因素。企业基础研究主要通过提供知识源泉、促进产学研合作和优化人力资本结构来提升新质生产力水平，这一效应在人才密度高、人工智能应用深入和绿色创新水平高的企业中尤为显著。[60]高端的计算科研工作是数字技术基础研究的关键环节，而高端的计算科研人员是数字技术基础研究的关键要素。相对于计算人才主要服务各类数字应用系统，高端计算科研人员主要服务数字技术基础研究。高端计算科研人员的工作成效对数字技术基础研究的进步具有十分重要的作用。高端计算科研人员的工作成效取决于他们的数量和工作积极性。任何技术进步离不开科研人员的积极工作。只有科研人员持续地积极进取、勤于创新才能推动技术进步。数字技术基础研究的进步需要高端计算科研人员积极工作。激发科研人员工作积极性的激励因素有很多，除了适当的经济收入、生活待遇之外，社会尊重、家国情怀等也是十分重要的激励因素。拥有规模庞大的高端计算科研人员是国家、地区和企业发展的重要条件。当前，许多国家、地区和大型企业都积极培养、引进高端的计算科研人员。例如，达摩院不仅以丰厚待遇招收了许多高端计算科研人才，还与中国科学技术协会、阿里巴巴公益基金会联合举办阿里巴巴全球数学竞赛。拥有积极创新的高端计算科研人员已经成为数字技术基础研究工作不可或缺的条件。

其次，高、精、尖的计算设备设施是数字技术基础研究的物质条件。数字技术基础研究的进展情况是推动数字基础设施进步的直接因素。数字技术基础研究的物质条件要求十分高，其中高、精、尖的计算设备设施已经成为研制数字基础设施的门槛条件。数字基础设施具有创新性、集成性、普惠性和互联互通性等特点[61]，是支撑整个数字技术应用体系的基础。各类数字应用系统的数据交流在一定程度上打破了由于社会分工、地理位置、资源禀赋等形成的市场边界，减少了生产和生活过程中的信息壁垒和摩擦，提高了各类产业面对长期市场压力的预防效率或短期剧烈波动时的响应速度。数字基础设施是实现生产经营信息数据在各类数字应用系统上高效流通的基础。数字基础设施的进步是大幅度提高数据要素使用效率的基础。各类数字应用系统数据交流效率提高和数据使用效率提高不仅造就了数字产业化，而且为传统产业数字化转型升级提供重要支撑。在数字时代，数字技术基础研究能力已经成为国家、地区和超大企业竞争力构成因素的核心。

最后，有序竞争、良性循环的产业生态系统是数字技术基础研究的社会条件。数字技术基础研究必须获得大量资金和产业政策扶持，才能长期支撑研究工作所需要的高端的计算科研人员和高、精、尖的计算设备设施等。良好的产业生态系统能够促使数字技术基础研究形成的产品广泛应用于许多产业、催生庞大的社会需求、推动众多企业数字化转型，进而使数字技术基础研究从市场供需获得足够的资金，从经济高质量发展中获得产业政策支持。如果没有良性循环、有序竞争的产业生态系统，数字技术基础研究的进步就难以持续获得足够的资金、产业政策扶持和社会广泛支持。数字技术基础研究与产业生态系统如图1-3所示。

数字技术基础研究必须集成高端科研人才、尖端设备、大量资金、良好产业生态等多种重要条件，才能持续保持数字基础设施处于全球领先地位。数字时代也形成了数字技术基础研究的壁垒格局：智能研发工具在研发劳动过程中的普及加速了研发劳动"概念与执行"

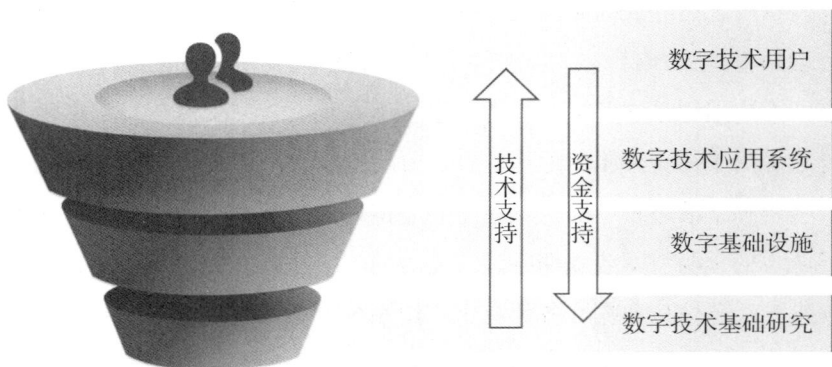

图1-3　数字技术基础研究与产业生态系统

的分离，数字技术革命与研发组织变革为这种分离向全球层面的扩展创设了客观条件，在此基础上，垄断组织通过垄断先进研发劳动资料、顶尖研发劳动以及圈占研发劳动对象的手段，推动了新格局的最终形成[62]。数字基础设施的先进程度决定了数字技术应用体系的效率，进而影响千千万万用户的体验和市场发展趋势。数字技术基础研究成为国家、地区和大企业在数字时代取得竞争优势的关键领域。不同研究机构和企业之间可以共享数据，加速科研成果的产出，从而实现互利共赢。[63]数字技术基础研究的集成性决定了相关科研人员必须专门从事数字技术基础研究工作。数字技术基础研究成为相关科研人员的职业工作。丰厚的待遇使得这些科研人员只需要专心研究数据技术，而繁忙的创新研究工作也使得这些科研人员无余力再从事其他职业工作。

（二）数字技术应用开发工作的垂直性

数字技术的广泛应用，兴起了一系列服务各个行业的数字技术应用开发新业态和新模式。数字化转型是企业提质增效、实现高质量发展的必由之路。[64]这些数字技术应用开发新业态和新模式通常聚焦到一个或者几个具体的行业领域，加快了这些行业数字化转型的步伐，极大地带动了新的市场供求。这主要得益于数字经济核心产业，包括数字产品制造业、数字产品服务业、数字技术应用业和数字要素驱动业。这些产业本身就属于第二产业和第三产业，从而实现了当地产业结构的高级化转型。[65] 相对于数字技术基础研究工作，数字技术应用开发不得不面对众多的、个性化的应用场景。数字技术基础型研究的资本偏向和应用型研究的劳动力偏向是数字经济影响区域创新效率呈现非线性变化的最优技术路径。[66] 这些众多的、个性化的应用场景开发所需要的数据技术基础比较接近，但数据结构、业务流程可能存在一些差距。虽然数字经济发展显著提升了高技能劳动者的就业质量，但也显著降低了中低技能劳动者的就业质量，数字经济发展过程中不同技能劳动者就业质量分化效应明显。[67] 此外，数字技术应用开发工作还必须适应客户的行为习惯。客户的这些行为习惯可能会影响到业务数据流程和呈现方式。为了在激烈竞争的市场中取得胜利，数字技术应用开发工作必须尽可能满足客户要求。从数字技术基础科学到客户需要的应用场景，数字技术应用开发工作打通了一条自下而上的垂直通道。在这条垂直通道上，数字技术应用开发公司与客户形成了一个特定市场服务范围，凭借拥有数字技术优势和特别熟悉客户应用场景，在特定客户应用场景领域形成竞争优势，构筑市场进入壁垒。因此，数字技术应用开发工作必然存在垂直性。垂直性是数字技术应用开发工作不同于数字技术基础工作的显著特征和重要优势。数字技术应用开发工作的垂直性使得数字技术能够更有效地和各个产业应用领域融合，充分释放数字技术各个产业应用场景中的巨大潜能，放大数字技术与产业应用场景两者之间的协同效应。

（三）用户使用数字技术工作的广泛性

随着数字技术基础研究的进步和数字技术应用开发的深入，数字技术应用的使用工具越来越简化。用户可以使用这些简化的数字技术工具完成业务层面的数字化设计和数据处理。例如，一些低代码甚至无代码的RPA工具。各类用户能够直观感知到的数字技术主要是各种业务场景的数字化，而直接使用的数字技术工具则主要是这些简化的数字技术工具。简化的数字技术工具适合社会各界使用，能够快速普及并拥有庞大的用户群体，进而推动各行业业务场景进行数字化转型。数字技术应用在实践中需提升用户意识与服务体验。数字平台对数字用户在交往中产生的信息数据进行编程和推算，再进一步向数字用户推送信息，这一过程在算法的推动下完成。[68]在产业信息数字化、业务数字化向社会全面数字化推进的过程中，用户使用数字技术工作的广泛性不仅有助于淡化由于数字技术基础研究和数字技术应用开发的复杂性带来的社会公众认知困难，也有助于数字技术向多维空间和网络协同演变，强化数字技术的应用需求导向。数字经济催生了许多跨界、跨区域经营的平台企业。[69]用户使用数字技术工作的广泛性优化了数字技术开发资源共享和互联互通的过程，为数字技术生态系统创新增效提供了重要支撑。数字技术基础研究和数字技术应用开发通过简化的数字技术工具实现用户的高效聚集和协同发展，可以打破技术研究、应用开发与用户需求的信息壁垒，有助于实现数字技术生态系统的整体创新升级。数字化转型对企业来说是一把"双刃剑"。一方面需要企业投入大量的人力、金钱、时间等对原运营模式进行改进，增加了企业的经营风险。另一方面为企业带来发展机遇，数字化转型使得企业的技术更为适应行业和社会需求，扩大了企业的成长空间。[70]数字技术简化工具在用户使用层面的普及使得数字技术应用开发分工更加精细化和颗粒化，由此带来的数字技术基础研究工作的再造和重构，提高了社会整体数字技术研发效率和使用效果。数字技术在用户中广泛使用"实现了对市场端的快速反应，提高了产业链的运行效率"[71]。用户使用数字技术工作的广泛性正是整个社会数字化转型必然经历的阶段。

综上，数据技术基础研究的创新发展驱动数字技术应用开发向垂直方向推进，必将推动用户使用数字技术工作趋向简化，使数字技术用户广泛地扩大到社会各行各业，为数字时代的全面到来提供了重要媒介、关键载体和有效动力，并促使各种新业态不断涌现，产业结构趋于多样化。多样化的产业结构能够更好地利用数字技术创新带来的机遇，使得当地企业能够更好地接受和应用数字技术，从而在应对国际市场需求变化和参与全球竞争中更加主动和有效。[72] 从数据技术基础研究工作到数字技术应用开发工作，再到用户使用数字技术工作，数字技术工作的分工越来越细，体系越来越庞大，无不昭示数字技术工作职业化的趋势。

三、职业技术工作数字化

（一）传统生产经营岗位工作的数字化

在农业、林业、牧业、渔业等产业，生产活动已经使用北斗卫星、无人机、物联网、大数据、大型智能机械等机械化、自动化、智能化设备设施，实现了农机精准作业、畜牧精准饲喂、远程监测植被土壤温湿信息等，生产效率大幅度提高。随着数字技术广泛应用到传统农林牧渔业，一方面对从业人员提出了更高的数字技术使用技能要求，须掌握数字机器或数字信息系统，提高了对劳动者数字技术技能、沟通技巧、心理素质等方面的要求；另一方面会大幅度减少对体力劳动强度和数量的要求，从而放宽了对劳动者的体力要求。在生产制造领域，数字工厂、智能制造生产单元、无人工厂、工业机器人、工业互联网等等得到广泛应用。汽车生产、医药制造、航空、航天器及设备制造、电子及通信设备制造、计算机及办公设备制造、医疗仪器设备及仪器仪表制造，甚至食品、纺织等传统工业生产一线工人大幅度减少，设计、维修设备的人员大幅度增加。在生产制造领域，一方面，生产岗位增加了二次开发和维护智能生产单元、工业机器人等新的设备设施，对劳动者数字技术技能和综合素质的要求大幅度提高，特别是数字技术应用能力成为关键要求，即提高了对脑力劳动的要求；另一方面，生产岗位的大量重复操作已经由工业机器人等智能设备设施替代，对劳动者体力的要求大幅度降低。从长期趋势来看，第一产业和第二产业广泛应用数字技术，大幅度提升生产效率，高技能劳动者逐渐增加，而低技能劳动者逐渐减少，但高技能劳动者的增加总量可能少于低技能劳动者的减少数量。数字经济核心产业对服务业贡献相对较大，且贡献保持高速增长态势，而对制造业贡献相对较小。[73] 故在政策法规环境不变的情况下，第一产业和第二产业的就业规模可能会缓慢减少。从教育的角度来看，这些岗位对劳动者接受教育的程度要求大幅度提高，而且主要是提高了对职业教育程度的要求。

（二）服务业岗位工作数字化

服务业广泛应用数字技术会扩大服务范围和精准程度，提高服务质量，进而扩大服务业市场规模。生产性服务业是指为保持工业生产过程的连续性、促进工业技术进步、产业升级和提高生产效率提供保障服务的服务行业，它独立于制造业之外但又作为中间投入而服务于制造业，具体包括生产研发设计与其他技术服务、仓储和邮政快递服务、信息服务、金融服务、商务服务等。①生活性服务业是指满足居民最终消费需求的服务活动，包括居民和家庭服务、健康服务、养老服务、旅游游览和娱乐服务、体育服务、文化服务等十二大领域。②

---

① 统计局.统计局关于印发《生产性服务业统计分类（2019）》的通知［EB/OL］.
［2025-04-01］.https：//www.gov.cn/gongbao/content/2019/content_5425338.htm.
② 统计局.统计局关于印发《生产性服务业统计分类（2019）》的通知［EB/OL］.
［2025-04-01］.https：//www.gov.cn/gongbao/content/2019/content_5425338.htm.

数字技术在服务业的应用会提升生产性服务业的效率、质量，产生相对于传统生产辅助服务的比较优势，进而形成新的专门的生产性服务行业形态和业务模式，成为就业和经济的新增长点。提高生活性服务业的质量，加快发展现代服务业。在生产性服务业领域，数字技术广泛应用会产生各类数字化设备设施研究开发、运行维护等专门服务，扩大生产性服务业的市场规模，增加生产性服务业专业化以及高技能岗位的人才需求。数字经济在增加总就业的同时也会提高对劳动者技能的要求。[74] 在生活性服务业领域，数字技术广泛应用催生了移动支付、外卖平台、网约车等平台经济。平台企业一方面借助数字技术精准匹配供需数据，扩大了平台经济的客户数量和需求量。我国绝大多数劳动者经过简单的数字技术应用培训就能从事外卖、网约车等生活性服务业工作，创造了大量诸如网约司机、外卖配送员等新工作岗位。这加快推动了数字技术工具和数字平台在劳动力市场中的应用，充分利用数字技术的时代红利，缓解劳动力市场"极化"趋势。[75] 以京东等企业为例，平台经济一方面雇佣了数字技术基础研究工作者和数字技术应用开发工作者搭建了数据平台的后台和前端，通过大数据、大算力、大模型等数字技术不断挖掘客户需求，精准地促成需求与供应的匹配、扩大服务业市场规模。另一方面通过这些数字技术匹配大量劳动者从事快递等业务。这样不仅消化了第一产业和第二产业数字化转型释放的大量转岗者，还吸纳了大量新增劳动者。

总的来看，数字技术的广泛应用促使许多传统生产经营岗位工作实现了数字化转型，生产经营效率大幅度提高，表现为第一产业和第二产业岗位劳动力需求逐渐减少。同时，数字技术的广泛应用也推动了服务业岗位的数字化转型，催生了许多新的岗位，扩大了服务业市场规模，表现为第三产业岗位劳动力需求日益增多。数字经济发展能够通过提高劳动者的收入水平、工作满意度和就业能力推进高质量充分就业的实现，也可能通过引发劳动者权益保障缺位和增加结构性失业风险阻碍高质量充分就业的实现。[76] 数字技术不仅降低了这些岗位体力劳动的要求，而且把数字技术应用的要求也放低到大多数劳动者能够使用的程度。当然，相对于传统服务业，数字化转型的服务业提出了更高的脑力劳动要求。

四、数字时代职业工作的特征

（一）研发复杂与使用简单的统一

数字技术对职业工作的影响可以分为研发与应用两大类型。从研究与开发的角度来看，数字技术研发是一个复杂的、庞大的系统过程，需要汇聚巨额的资金和高精尖的设备，更需要集合千万研究人员和工程技术人员的工作成果。数字技术的研究与开发成为国家之间竞争的重要领域。企业培育和发展新质生产力，应充分发挥新型举国体制的优势，聚焦科技创新引领，推动产业链供应链优化升级，积极参与培育战略性新兴产业，前瞻布局未来产业，深入推进数字经济创新发展，深化关键性体制机制改革，以建设现代新型企业为抓手，增强核心竞争力和发挥核心功能，实现经济社会高质量发展和企业高质量发展的有机统一。[77] 我国高度重视数字技术研发与数字经济发展，出台了一系列促进数字技术进步的政策。2022年12月，中共中央、国务院印发《关于构建数据基础制度更好发挥数据要素作用的意见》（"数据二十条"）。2023年2月，中共中央、国务院印发《数字中国建设整体布局规划》，明确数字中国建设按照"2522"的整体框架进行布局。2023年12月，国家数据局等17部门联合印发了《"数据要素×"三年行动计划（2024—2026年）》。这些政策推动我国数字经济快速发展。中国信息通信研究院发布的《中国数字经济发展研究报告（2024）》显示2023年我国数字经济规模达到53.9万亿元。数字经济具有显著的空间溢出效应，能够对邻近地区的城乡收入差距产生积极影响。[78] 在数字产业化和产业数字化过程中催生了大量数字技术研究与开发岗位。这些数字技术研究与开发岗位以脑力劳动为主。

从应用的角度来看，在具体的业务场景中使用数字技术的工具越来越简单。这使得绝大多数的劳动者能够快速掌握这些数字技术应用工具开展工作。[79] 数字经济主要通过降低就业成本扩大中等收入家庭规模。例如，外卖配送员、网约车司机可以通过手机接单、送单，外卖平台等可以通过大数据、物联网等掌握客户与服务者的状态数据；智能设备的运维人员可以通过电子屏幕观察无人工厂运行状态，并通过专用的设备监测和分析设备是否需要现场检修或者返厂维修。对于千千万万的劳动者来说，操作数字技术应用工具的工作已经简化到一块块屏幕上的数据和开关上。数字技术在使用层面上尽可能简化，可以获得大量客户、商家及劳动者的认可，使数字技术在研究与开发层面上巨大的人力、物力和财力投入能够获得足够的经济回报。数字技术研究开发趋于复杂与数字技术使用趋于简单构成了良好的生态系统，形成相对于传统生产经营方式的明显竞争优势。这正是我们这个时代处于数字化转型阶段的证据：数字技术的快速进步使经济社会持续发生质的变化，而不仅仅是在原有技术水平上量的增长。平台经济是数字技术研究开发趋于复杂与数字技术使用趋于简单形成良性互动的集中表现。数字技术的研发工作趋于复杂与数字技术的应用工作趋于简单两者统一到了数字化转型的过程之中。

（二）标准化与个性化的统一

从供应的角度来看，数字技术在各行各业生产经营中的广泛应用切实地把世界各地的人员、技术和设备联系起来，组成了覆盖全球的分工协作工作系统。数字经济催生了大量的新技术、新业态和新模式，深度变革了价值创造模式、市场组织结构与传统产业链。[80] 许多不曾谋面的人员通过数字技术在某个具体的工作项目中实现了广泛的分工协作。这样广泛的分工协作既可能采取企业内部组织的方式，也可能采取产品与服务的市场交易方式，或者两者的组合。不论采取何种方式，这样广泛的分工协作需要其中的任何一个人员都必须依赖其他人员的工作，而且其他人员的工作也必须依赖这个人员的工作。这样广泛的分工协作包含了各类人员对工作项目的普遍认可。这样大范围普遍认可的基础是科学、合理的工作标准。这种被广泛接受的工作标准是实现全球大规模生产的基础，也是把总体成本降至最低的主要途径。覆盖全球的标准化离不开数字技术的支持。在数字技术广泛应用的情况下，世界各地的工作人员能够深入地理解工作标准化的科学性、合理性、可行性，从而在工作中广泛地接受和服务于其他人员的工作。

从需求的角度来看，数字技术在各行各业生产经营的广泛应用支持挖掘全球各地人们的个性化需求以及满足这些个性化需求的供应系统。在数字时代，数字技术推动生产力大幅度提高，产品供应相对充裕，竞争趋于激烈。生产力的进步促使人们收入水平提高，消费能力增强。人们的消费不再满足于有没有产品，而是更多地关注产品好不好。如何更好地发现及满足顾客的个性化需求成为企业竞争的焦点。企业通过数字技术可以在全球范围内分析客户的个性化需求，并集合全球厂商形成能力强大的柔性供应系统。例如，冰箱使用的螺丝钉规格型号种类很少，数字技术既可以促使这些螺丝钉实现标准化、大批量生产，又可以使顾客通过电商平台等预订适合居家需要的特定尺寸和功能的冰箱。电商平台上成千上万的顾客成功定制个性产品必须依靠大数据等数字技术处理海量的供求数据，而无人工厂更需要数字技术运行复杂的生产过程，快递公司则需要数字技术实现精准配送。离开了数字技术的支撑，无法满足如此千变万化的个性化需求，也无法实现如此高效的生产经营。这种依托数字技术形成支持的供应系统正是标准化与个性化相统一的表现。

从数字技术工作职业化到职业技术工作数字化，这些深刻的变化说明数字时代的职业工作带有明显的数字特征。从数字时代职业工作岗位人才需求来看，为实现提升人力资本与弥合数字鸿沟的相互促进，应优化数字技能教育体系，完善数字基础设施，推动数字技能的终身学习和职业培训，营造积极的数字文化氛围。[81]数字技术对职业工作的作用表现为两个方面：一方面数字技术作为新工具深度改变了许多行业生产经营实践的运行方式，另一方面数字技术在生产经验中应用积累的实践经验促使人们认识到职业工作越来越依赖数字技术的发展。数字技术的广泛应用不仅推动了经济社会发展，而且推动人们在职业工作中的伦理道德发生变化。

第三节　数字时代职业教育的变迁

一、数字时代职业教育教学方式的重组

我国职业教育敏锐地发现了职业工作的根本性变革，并快速作出了教学方式调整。2022年，我国启动国家教育数字化战略行动，国家职业教育智慧教育平台正式上线运行，汇聚数字教育资源654万条，提供在线课程近两万门，覆盖600个职业教育专业。[82]从一个角度可以说明，数字时代的职业教育不仅必须反映职业工作的数字化趋势，而且职业教育教学也呈现广泛应用数字技术的趋势。教学方式的重组成为职业教育适应数字时代的重要变迁。

第一，数据自身作为一种重要的教育要素，直接参与到职业教育教学过程中，改变了以往的教学方式。信息的数字化使得几乎所有人

类的职业工作及与其相关的场景都可以转化成数据，其体量几乎趋于无限。[83] 123 由此可以认为，职业工作的数字化要求几乎所有职业教育教学活动和与其相关的教学场景也必须转化为数据，而且职业工作的数字化使得职业教育中教与学的前期准备、后期评价等活动都应该转化为数据。给予足够的算力，所有收集的职业教育数据都可以经过计算分析，提取关于教与学两方面的数据，成为职业教育活动的重要资源，反馈到教学过程，成为教师实施分层分类个性化教学的支柱。在面向终身教育的、更为广阔的职业教育活动中，随着数据收集拓展到职业工作和职业教育各个环节，在强大算力支撑下可以获得匹配职业教育资源和学习者偏好的能力；更进一步，职业教育大数据驱动的自动化、机器学习、人工智能、元宇宙必将拓展协调产业与教学资源的能力、提升教学与产业匹配的效率。数字技术是开辟产教融合新赛道和塑造产教融合新优势的重要突破口。[84] 在这样的远景中，数据将作为一种全新的职业教育元素，促使职业教育方式发生深刻变化，并将成为最重要的职业教育资源。

第二，职业工作的数字化实景呈现和网络传递改变了职业教育教学活动的方式。在职业教育过程中，职业工作实景信息的缺损往往导致职业教育教学严重滞后于职业工作，教学效果下降，人才培养的产业适应性较低。随着数字技术对劳动力市场的深远影响，数字化已成为推动职业教育改革和发展的重要战略。[85] 随着海量数据在职业工作与职业教育之间高效而低成本的传递，教育与产业双方的交流与协同更为便捷，极大地降低了职业教育滞后于职业工作的可能。例如，客服、财务等职业工作涉及商业机密，致使相关职业教育教学课程只能模拟实践。在数字技术支撑下，许多企业整合各地分支机构同类业务，提高经营效率。客户服务中心的部分呼叫和应答业务，财务共享中心的部分凭单审核业务已经通过数字化网络实现区域甚至全球集中营运。一些企业与职业院校合作，在职业教育实践教学课堂进行了真实的财务共享和客户服务中心业务工作。这推动了职业教育教学与职业工作同步展开，提高了职业教育教学效果。

第三，数字时代职业教育教学的组织也相应发生了巨大变化。数字技术使得职业教育教学的信息收集、积累和交流变成自动、实时的过程，并可以在教学内容上无限拓展、时空上无限延伸，从而极大地消减了职业教育与职业工作的信息壁垒。数字时代信息有效传递的等级结构应该也朝着扁平化趋势发展[86]，职业教育教学信息传递也遵循这样的趋势。这一趋势促使职业教育教学组织发生深刻变化。职业教育教学组织结构从"校园教育、集中教学"转向"校企协同、个性教学"，推动职业教育的实践教学走出校园、无缝对接职业工作。与此同时，职业教育场景数字化的平台应运而生，成为一种新的教学组织方式。从根本上讲，职业教育场景数字化平台是一种生成、提取、记录与分析无限增长的数据的基础设施，利用网络结构协调数字信息在特定群体间流动，从而提升效率并带来效益。[87]通过职业教育场景数字化平台，职业院校的教师可以向校外的企业员工、其他学校的学生等提供不同层次的课程，行业企业的专业技术人员也可以向职业院校学生提供实践机会。职业教育场景数字化平台不仅联通教师与学生，而且连接职业院校与行业企业，成为实施个性化职业教学、实现人人出彩的平台。

第四，职业院校教师的工作内容和方式也发生了深刻变化。首先，在数字时代，职业院校教师必须持续更新教学内容。数据时代以数字技术为支撑，持续造就新业态和新职业，也不断淘汰了一些职业与岗位。例如，移动支付在数字时代应运而生，催生了金融科技服务岗位，同时改变了收银岗位的工作方式，并大幅度减少了收银工作岗位的数量。这使得职业院校教师必须在收银相关课程教学中增加金融科技后台服务和维修的内容。促使职业院校教师尽快掌握这些新技术的主要途径是推动他们到产业中兼职。在智能教育环境背景下，教师教学想象力的含义与内容愈发丰富[88]，进而促使教师把数字技术融入教学内容，提高人才培养质量。其次，教师需要塑造适应数字时代的职业教育教学方法。数字网络为职业教育提供了开放共享的平台。在数字时代，职业院校的学生可以广泛接触数字网络中的所有职业和所有信息，同时也几乎可以在线上完成学习任务，甚至无缝衔接未来职业工作任务。企业行业的员工可以通过数字网络广泛接触职业院校丰富的线上职业教育资源。职业教育工作者急需新的数字化教学方法来高效地处理数字网络带来的海量数据，整理和打造教学资源，并恰当地推送给各类学习者。当前，线上教学已经形成了虚拟仿真、直播课、录播课等教学方法。未来，随着数字化职业工作的发展，有可能出现职业教育与工作在线上融合的教学方法。学习者在网络上学习留痕的数据有可能是反映学习效果的重要数据，教师必须掌握获取和使用这些数据的数字技术。高职院校必须深化师生数字素养培养，强化数字技术对教育的赋能。[89] 职业教育组织需要数字化的教学评价方法才能恰当地分析这些数据，进而更为精准地评判教学质量。再次，数字技术空前拓展职业院校教师教学等工作的时间与空间。教师可以通过数字网络为千里之外的学习者授课、指导实践操作，完成教学后可以通过网络迅速收到教学工作结果的反馈信息。借助数字技术跨越时空的优势，职业院校教师得到了同时兼职多项产业技术工作的机会。这有助于教师们尽早掌握新技术。最后，从批判的角度来看，数字技术模糊了教师工作和非工作的界限，导致数字平台的垄断地位。数字技术提升了职业院校教师的教学工作的效率和自由度，但也导致教师们失去了工作之余的闲暇。数字平台能够免费获得广大师生的教学活动、评论和其他行为的留痕数据，并成为平台谋取竞争优势、取得垄断地位的原始数据。这有可能挫伤教师使用职业教育数字化平台的积极性。

二、数字时代职业教育学习方式的重组

智能手机等移动终端通过无线网络成为职业院校学生、企业员工和其他社会学习者获取学习资源的端口，而海量数字化教育资源可以涵盖学习职业技能所需要的一切，从而彻底改变了学习方式。在数字时代，产教关系从"定向服务"转向"网络协作"[90]，进而改变了职业教育学习方式。

第一，学习者通过数字网络获得丰富的数字化学习资源。依靠数字技术的支撑，学习者不仅可以广泛接触各种职业工作信息和职业教育信息，而且可以更多地了解自身环境之外的资讯，拓宽学习途径、提高学习效果。数字教育的未来形态在于，突破时空限制，时时处处人人可学；突破中心概念，学习者高度自主自治；突破交往限制，网络社区发达；突破实体世界，虚实世界融合。[91]借助网络的开放性和共享性，数字网络可以允许全球任何角落的人员在任意时刻补充、修订数字资源，呈现出"群体智能"（wisdom of the crowds），成为学习者的重要学习途径。例如，百度百科成为众多学生获取职业知识的来源，也成为各行各业人员分享知识的范例。

第二，学习者通过数字技术完成各类学业测评。许多课程借助数字教育平台提供覆盖全部知识点的题库，以满足不同区域学习者在不同时间完成练习和测试；一些课程建设了线上虚拟仿真的实训环境，允许学习者随时随地进行实训操练和测评；还有一些校企合作的实习类项目可以让各地学生通过网络协同完成真实的数字化工作任务。除此以外，还有物联网设备通过面部扫描、记录个人肢体动作、语言表达等，收集学习者现场实践训练数据，更为精确地评判训练效果。例

如，2022年国家和部分省份的技能竞赛借助数字技术完成分散在各地选手的过程记录、成绩评定等。从某种意义上讲，数字技术将个人与设备结合在一起，形成数字社会里特有的"数字化存在"。[92] 77一些在线课程开辟了线上主题讨论空间、答疑板等，为学习者提供了展示学习情况的空间，许多学习者在其中发布文字、照片、视频来记录学习情绪、过程、心得、评论和观点。

第三，数字时代重塑了同学关系。借助高效的数字通信技术，各地各个层面的学习者可以在同一个平台、与同一位教师、就同一门课程展开学习活动。同一地方、原本相互熟悉的学习者在线上学习过程中强化了互动交流、增进了亲密关系。课程里面的数字化交流媒介成为他们之间沟通的介质，扩大了身处不同地方的学习者之间的学习关系，也使得线上和线下的同学关系互为镜像，同步推进。数字时代带来了两种看似矛盾的同学关系。一方面，数字网络带来同学之间更多的远程合作，分散在各地的同学组成了线上群体，呈现出的是数字技术带来的更多合作。在数字意义上，同学之间构成邻里，相互支持。[93]同学关系网络在互联网上可以延伸到全球各地，同学关系规模大、范围广。另一方面，同处一地的同学也越来越依赖线上交流，而减少了线下交流。网络社交因成本低廉、范围广，成为线上教学中维系同学关系的重要方式。这可能模糊线上同学关系之间的界限，导致同学关系亲密的假象，而实际上是相对疏远的状态。在现代社会可以观察到人们越来越脱离关系紧密的"共同体"性的群体，走向个人主义[94]。在数字时代，线上同学之间的关系是相互有一定的了解，但并不深入和全面。

三、数字时代职业教育教学数据管理机制的重要作用

数字通信技术的进步深刻改变了人们的职业工作，产生了处于萌

芽状态的职业教育数据管理机制。审视不同社会类型的职业教育，可以发现农业时代的社会以体力技巧为基础，在部族范围内实施；工业时代的社会以人与机械协同为基础，在学校和企业范围内实施；数字时代的社会以人与智能设备协同为基础，在全社会范围内实施。在数字时代的社会，数字网络是人与智能设备协同的平台，也是职业教育教学的平台。学习者通过接入数字网络能够学习智能设备的使用、维护和开发。例如，百度、阿里、华为等企业开放了面向社会的人工智能开发社区，免费提供开发所需的基本工具，鼓励开发者共享设计理念和资源。数字时代的社会是以直接连接到数字网络的个人为基本单位，[95]数字网络穿透了原有工业社会的一切组织结构形式，直接将个人纳入并使之成为数字网络的基本节点。[92] 79学习者借助数字网络可以不受限制地在任何时间与任何地点便捷地学习各种职业技术，数字技术拓展了人们学习的深度和广度。同时，各地人们通过数字网络进行学习，可能缺少了面对面的师生互动和同学之间的交流，必然会改变同处一个校园的传统课堂教学。这提醒我们，构建数字时代的职业教育的数据管理机制的过程中，必须考虑数字时代的快速发展与短暂历史，充分挖掘数字时代职业教育显示出来的新特征所昭示的职业教育变迁的可能方向，为人们探索数字时代的职业教育数据管理机制提供启发性思路。

数字时代需要建立有效的职业教育教学数据供给渠道。学习者借助数字网络不仅可以接触到职业教育机构提供的教学信息和行业企业提供的职业工作信息，而且也能接触到其他机构给出的信息。数字网络的开放性允许上网的人以各自形式表达各自的观点，而立场相左的参与者可能会在网络上爆发冲突。[96]这些相互冲突的信息极容易将职业院校学生、行业企业员工等学习者带离客观公正的立场。平台算法有助于用户从数字网络中检索、获取习惯或期望的数据，但也会导致用户局限于熟悉的信息之中，进而减少了用户获取新类型资讯的机会，产生"过滤气泡"机制。[97] 面对数字网络的海量职业教育信息时，学习者更容易倾向于获取更熟悉、更容易理解、更愉悦的信息，陷入"信息茧房"[98]。算法原本的作用是评估用户需求，并通过个性化数据服务提高数据使用效率，但是也可能使用户进一步自我封闭在特定类型的信息之中。同类学习者具有相似的经历、立场，在数字网络上面对同样的信息进行交流时容易产生类似的反馈，以强化他们已有的价值判断，形成"回音壁"机制[99]。数据网络提高了学习者相互交流的效率，同时也进一步使得他们相互增强原有观点。在人们使用数字网络信息时，算法的作用越来越重要，甚至能够左右人们取舍的信息，但只有数字平台掌握算法的运行规则。当算法更倾向于数字平台的利益或者数字平台指向的主体的利益，而不是数据用户的利益，那么算法就极有可能成为有着秘密法则的"黑箱社会"。[100] 由于数据成为数字社会中最重要的资源，网络平台与数字公司收集到越多的数据，越有可能成为控制数据的中心。[92] 81 算法是网络平台和数字公司高效处理数据的重要工具，甚至有学者认为算法社会已经来临。[101] 如果缺乏有效的职业教育教学信息供给渠道，学习者难以突破自我，从数字网络形形色色的资料中识别出有职业教育价值的信息，进而提高学习效率。

数字时代需要建立覆盖全社会的职业教育教学数据管理规制。数字网络让学习者更便利地享受职业教育资源，同时教师与学生在网络空间的教学活动产生了大量的数据。这些数据经过整理、计算加工再利用，可以产生巨大的商业价值。职业院校、教师和学生是教学数据的源头，但无力收集和拥有这些数据。收集、存储和开发这些教学数据的组织是网络平台和数据公司。数据的价值还体现为在数字网络中重复使用、与其他数据整合使用以及扩展使用的过程中。[83] 126 例如，猎头公司可以通过分析海量的职业教育数据发现潜力巨大的职业人才，设计企业可以从千万学生的习作中发现新的创意。数据在数字网络中复制、传递的效率极大提高，而成本几乎接近于零，其价值随着使用频率的提高不仅不会降低，反而增加。当教学数据能够无缝衔接产业数据时，职业教育教学的数据将成为产业资源的重要源头。如何确保数据公司使用教学数据不会侵犯师生的隐私等权益？如何界定职业院校、师生和数据公司在教学数据领域的权责？这些是数字时代职业教育急需解决的问题。数字时代的变迁对人们整体认识与理解职业教育的知识体系提出了挑战，也提供了难得的机遇。作为教育数字化转型的一部分，职业教育数字转型正在构建一个全新的、教育与产业融合的生态系统，而数字技术成为推动教育创新和提升学习质量的关键力量[102]。整个社会都需要职业教育教学数据管理规制来清晰地界定各方的权益和责任，约束学生、教师、职业院校和行业企业等各方的行为，防止数据滥用。

在数字时代，数据成为重要的生产要素，数字技术重组了生产经营方式、重塑了生活消费模式。职业工作随之发生了根本性变革，新形态职业不断涌现，并推动职业教育产生根本性变迁。数字技术的发展，突破了行为者的时空区域、身体所在、地位阶层等物理性和社会性因素对社会交往的局限。[103]数据作为不可或缺的教育要素促使职业教育教学以无缝衔接的方式融入职业工作，数据平台成为重要的职业教育组织单元，同学关系也从线下走到线上。与工业时代相比，数字时代的职业教育有完全不同的教学内容、教学组织、教学方式。虽然当前职业教育的数据管理机制尚未成型，但它将成为推动数字时代职业教育进步最重要的因素。数字时代的职业教育教学也将呈现出不同的知识体系、价值体系和学科结构。

研究数字时代的职业教育的根本性变迁，不仅仅能够提升对职业教育过程和运行规律的理解，还可以帮助解释我国职业教育高速发展的重要原因，为支撑职业教育高质量发展和建设技能型社会寻求思路与方案。数字时代的职业教育研究面对大量的数据素材，需要创新研究思路、方法和技术。当前开展数字时代的职业教育研究，中国的优势在于数字技术应用走在世界前列，产生了世界最大的职业教育教学数据。面对数字时代职业教育变迁的历史机遇，学者应当积极投入职业教育数字化研究，并基于经验研究的积累，提炼新概论、构建新理论，贡献当代中国职业教育研究的新知识。当线上世界发生的事情能够切实影响现实世界，那么线上世界不仅仅是现实世界的反映，也不是独立于现实世界之外的另一个世界，而是现实世界的一部分。

第二章

职业道德与职业道德教育

职业道德是人们在职业工作中形成的，是道德的重要组成部分。道德是在人类社会长期演进的实践中产生和发展的，是人类社会中积极、美好、向上的社会意识。职业道德是道德在职业领域的具体表现。职业是社会分工的结果。人的生存方式随着根植于生产力发展的时代演进而迭变，作为第一生产力的科技是人的生存方式变革添新的重要助力。[104] 随着生产力的发展，社会分工越来越细，职业种类越来越多。这时候职业需要社会各方都认可的共同工作行为准则和规范，一方面引导同行业内从业人员与其他行业协同工作供应产品和服务，另一方面促使从业人员主动、积极地协调职业工作产生的各种关系，取得社会认可，维护职业形象。职业道德在职业领域展现为不同的职业工作标准和要求，但都包含着道德的普适性，引导人们积极、正面地工作。在人类社会的历史长河里，职业道德一方面继承了发展历程中的各种优秀品格，另一方面根据职业实践持续创新发展。职业道德的进步是社会分工的必然结果，对推动生产力发展具有积极意义。

第一节 道德与职业道德

一、道德

（一）道德的内涵

道德属于社会意识的范畴。道德是人们在共同的生产和生活活动中形成的信念、遵守的共同行为准则和规范之一。道德的取向和行为定式，往往内化为人的第二自然或第二天性。[105] 道德是人们在面对同类事物产生的相同的、积极的思想观念，是人们对事物的一种正向性理解和认知，集合了人们对事物的正面观点、正面看法和正面的价值判断等。除道德外，人们在共同的生产和生活活动中形成、遵守的共同行为准则和规范还包括法律、习俗等等。在长期的社会生活中，道德成为人们的行为习惯。个人的道德修养总能在习惯呈现中得到一定程度的反映。[106] 道德属于较高层次的社会意识，发挥着较高层面的共同行为准则和规范的作用。例如，人们经常一起提及道德与法律，这是由于道德和法律都是社会约束人们行为的准则和规范。从共同行为准则和规范的层面来看，道德属于较高层面的准则和规范，法律则属于较为基础层面的准则和规范。法律是人们行为不能触及的底线，道德是人们行为努力要达到的高度。道德和法律的分野也是理性的结果，即当某项社会约束的整体社会收益大于执行成本时，宜于采用法律的形式；否则，则宜于采用道德的形式。[107] 法律要求人们不错，而道德要求人们高尚。因此，不触及法律但违反了道德的行为也会被人们唾弃。

道德有三层内涵：行动指南、评判标准、信念。第一层，行动指南是指道德引导人们行为处事的方式、方法、途径，即共同行为准则和规范；第二层，评判标准是指道德指导人们判断某个人或者某个群体的行为是否符合道德的评判标准和规范。第三层，信念是指道德是存在于群体中的共同的精神动力、精神目标和崇高信念。行动指南、评判标准、信念三者合而为一构成了道德。作为社会意识范畴的道德，信念是道德的本质属性。行动指南是个人或者群体的道德在具体事务中对自身行动的引导，是个人和群体自身行动展现出来的信念，突出的主体范围是自身，强调的时间范围是行动之前和行动过程之中。评判标准是个人或者群体的道德在具体事务中对自身或者他人行动的结果的评价，是个人和群体自身行动或者他人行动展现出来的信念，突出的主体范围既包括自身，也包括他人，强调的时间范围是行动之中和行动过程之后。道德的使用不应当仅仅局限在自己所想、自己所说，还要真真正正、切切实实地用于自身的实践，按照道德的信念指引而作出积极的、正能量的事情。道德的内容也会随着环境条件和社会交往变化而发生变化。[108] 只有在自身生产和生活的实践中积极地为他人服务、为社会贡献，才能表现出道德的信念。信念是道德在社会意识层面上的精神和观念，支配着评判标准和行动指南。道德的内涵如图2-1所示。

行动指南
个人或群体对自身
行动的引导

信念

评判标准
个人或群体对自身或
者他人行动的评价

图2-1　道德的内涵

从社会的角度来看，道德是群体内共同的意识的一部分。不同的群体，道德可能存在差异。目前，不同意识形态的国家和地区的道德存在明显区别。在特定的群体范围内，人们都认为道德是社会意识形态中积极向上的那部分，对人们产生着积极的影响，引导人们在群体认为合理的范围之内开展活动。由于身与心的密切联系，对道德行为的模仿也会带来道德心理的转变。[109] 道德是人们基于自身家庭、教育、社会经历等实践而产生的，并对人们表现的言语和行动等实践产生直接影响。作为社会意识的一部分，道德遵从这样的规律：从实践中来，到实践中去。

（二）道德的来源

道德形成于人们长期的社会实践活动之中。同一群体人们在长期的、共同的生产和生活实践活动中面临相同的自然环境、政治体制、法律制度、风俗习惯等等，采取相同的行动，从而形成相同的社会意识，其中包括道德。面向社会生活本身的道德呈现，不仅避开了道德虚无主义和道德决定论的思想误区，而且指出了深刻把握社会运行机制的实践路径。[110] 如果人们在长期的实践中发现某些道德的行为准则和规范及其产生的行为更有利于群体生存和发展，人们会不断强化这些道德行为准则和规范。如果人们在长期的实践中发现某些道德不利于群体的生存和发展，那么这些道德规范将会逐渐弱化甚至消失。道德由人们在日常生产和生活中经过长时间的沉淀演变而来，源于人们的日常生活和交往行为。因此，一些习惯、习俗经过长期沉淀成为道德的内容。比如，诚实守信，就是人们在日常交往和经济活动中逐渐演变而来的。在长期的实践中，人们会总结有利的行为，内化为自身的内在逻辑、思维方式、理想信念，进而成为判断不同情况下某种行为是否符合道德要求的准则和规范。经过长期的实践，人们会形成相对稳定的道德。共同道德内在蕴含着人类社会生活中存在着全人类性道德的观点。[111] 社会生产力不同，同一道德影响的范围也不同。

道德作为一种较深层次的社会意识，影响人们行为的时间范围更为深远。中华优秀传统文化的许多优良道德品质到现在依然发挥着重要作用。例如，自古中华民族就倡导尊老爱幼，老吾老以及人之老，幼吾幼以及人之幼；尊师重道，师者传道授业解惑也。社会生产力水平越高，则同一道德覆盖的范围越大。这是由于社会生产力水平提高后，共同生产和生活的群体的范围也越来越大。同一群体长期的生产、生活实践是人们形成社会意识的基础，也是人们形成道德的基础。道德来源于人们的生产和生活实践。人们在日常交流、交往活动中逐渐形成行为规范，成为人们追求的良好品格、美好的精神境界、品行的高规格标准。

（三）道德的作用

道德对人们生产和生活的实践活动产生影响。人们在生产和生活实践中经常要面对各种矛盾、各类社会事务、各种新出现的社会现象，并采取相应的行动、作出选择、适当取舍。人们在面对冲突和某种关系时，道德决定着人们在面临各类事务时必然坚持的立场和态度，影响着人们的行为方式，并支配着人们的行动选择。例如，在复杂的现代市场经济中职业经理人对企业影响巨大，而"经理人内在道德达到一定水平后，代理成本消失，代理收益产生"[112]。道德指导人们行为，引导人们在合情、合理、合规、合法的范围内行事，促使人们正面、积极、正能量地展开行动。从整个社会来看，道德对大多数社会成员的生产和生活行为产生直接影响。道德就是在调节与化解社会利益矛盾的过程中产生并发挥作用的。[113] 道德作为社会意识，被群体中绝大多数成员所接受，并成为指导自身生产和生活行动的准则和规范。当今时代，全球各地经济文化交流十分频繁。虽然一些国家和地区存在较大差异，但和平、平等、自由、民主、法制和发展等已经成为主要共识。同样，一些国家和地区的道德标准存在差异，但也有许多世界各国和各地都普遍接受的道德，例如诚信、友爱等等。

从个体来看，道德成为个人在生产和生活实践中的行动指南，对个人在社会中的地位产生直接影响。道德自我是道德行为所以可能的前提，是道德完善的出发点。[114] 个人的道德会通过其行动被社会其他成员观察到。人们通过社会交流、媒体宣传等多种途径了解到某个人在生产和生活实践中展现的行为符合道德要求的程度，并判断这个人的道德情况。人类合作中出现道德、道德维持和促进人类合作具有必然性。[115] 社会舆论、宣传教育、法律法规等外部力量是市场主体遵守道德原则的外部保障。[116] 符合道德要求的行动会得到人们的肯定，而不符合道德要求的行动会被人们唾弃。人类社会对道德行为的褒奖成为制度，会进一步推动道德发展。在数字时代，宏大的匿名环境里，善意、仁爱、团结的利他主义倾向往往并不呈现在作为个体的行为主体直接的行为动机上，而是渗透在作为社会框架性条件的有控制系统和制裁机制的制度设计里，体现在能够使善好的道德意图转化为对逐利的战略性举措的行为激励上。[117] 由此可见，道德在人们生产和生活实践中一方面发挥着共同行动的准则和规范的作用，另一方面发挥着社会判断的作用。规范性的确立或者说道德判断形成的过程，就是道德理由的寻获和证成过程。[118] 道德会在人们生产和生活实践中不断完善，人类社会进步中积极的、有益于社会发展的行为准则会通过实践成为道德，而消极的、有碍于社会发展的行为准则会从道德中被清除出去。随着现代性的推进，社会道德主要呈现从有限道德向普遍道德发展的趋势，[119] 形成了道德的普适性。道德对人们的印象更新起主导作用，且道德信息的强度越高，越能够引起人们更大的印象更新[120]，从而加强道德判断的作用。道德的根本作用是推动人们的生产和生活实践活动符合自然规律和社会规律。道德的来源是实践，而使用道德的场所也是实践。因此，实践不仅是道德的源泉，也是道德的用武之地。总的来看，道德是社会实践的结果。道德的来源与作用如图2-2所示。

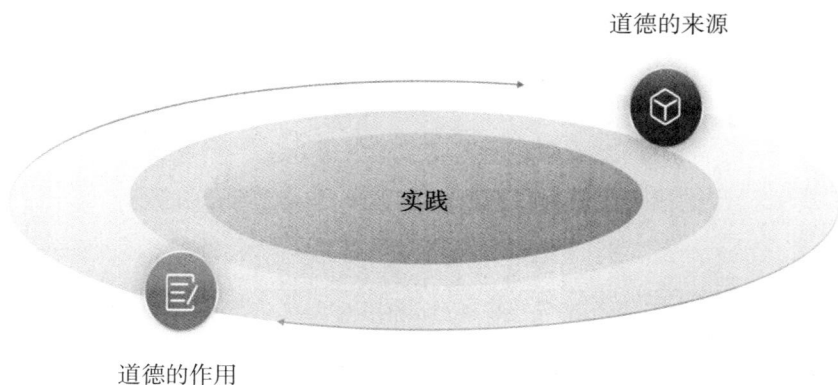

道德的来源

实践

道德的作用

图2-2　道德的来源与作用

二、职业道德

（一）职业道德的内涵

职业道德是道德在职业工作领域的具体表现。中共中央、国务院2019年10月印发实施的《新时代公民道德建设实施纲要》，指出"要把社会公德、职业道德、家庭美德、个人品德建设作为着力点"①。在当代，职业道德是道德的四个重要组成部分之一。相对于社会公德、家庭美德、个人品德，职业道德的主体是从事职业工作的人员。在新时代背景下，职业道德是推动我国社会主义物质文明建设的重要精神力量和实现手段，是对各方职业利益关系进行调节的必要手段，是我国市场秩序稳定和谐、市场经济健康发展的有效保证。[121]职业道德是人们在从事职业工作的过程中需要遵守的共同行为准则和规范。职业道德具有职业化、技术化、价值无涉等特征。[122]当然，从个人来看，从事职业工作的人也有个人生活、社会交往和家庭温暖。职业生活是否顺利、是否成功，既取决于个人的

---

① 新华社.中共中央 国务院印发《新时代公民道德建设实施纲要》[N].人民日报，2019-10-28（1）.

专业知识和技能，也取决于个人的职业道德素质。[123] 因此，作为一个完整的人，其道德的各个部分也应该是一个整体，即某个人的社会公德、职业道德、家庭美德、个人品德是其道德在不同领域的具体表现。这犹如一棵苹果树，有华丽的树冠，有深植的树根，有挺拔的树干和甜蜜的果实。道德与其在各个领域的表现是一个整体，而不宜割裂开来对待。因此，某个人的职业道德是他的道德在他从事的职业工作中的表现。

从社会整体来看，职业道德是作为社会意识的道德在职业工作领域的具体表现。职业道德是伴随人类社会劳动分工的深化而产生和发展起来的高度社会化的角色道德，是社会整体道德的重要组成部分。[124] 从事同样职业工作的人构成了一个群体，面临类似的工作环境、工作材料和工作考核等等，从而具有相同的职业道德。职业道德是一种基于社会分工与集体协作而产生的行为准则与规范，需要在人与人的互动中形成[18] 61。在长期的职业工作实践中，同类职业的人们会形成共同的职业行为准则和规范，而不同行业的职业道德规范颇具差异。[125] 同一行业的职业道德包含的共同职业行为准则和规范是职业群体内千千万万个体在长时间生产经营活动实践中形成的，是该职业群体与社会其他成员对该职业工作标准达成的共同认识。这些社会达成共识的职业工作标准不仅包括工作时间、工作强度、工作技能、工作效果，而且包括勤劳、诚信的工作态度，热情、奉献的工作精神风貌等等。职业道德由规范构成，而规范既能支配个体，迫使他们按照诸如此类的方式行动，又能对个体的倾向加以限制，禁止他们超出界限。工作态度和工作精神风貌属于职业道德的范围。因此，这些职业工作标准的社会共同认识是社会意识在职业工作领域的表现之一，也就是作为社会意识的道德在职业工作中的表现。职业道德与道德的关系如图2-3所示。

图2-3　职业道德与道德的关系

　　作为道德在职业工作领域的具体表现，职业道德也有三层内涵：职业工作行动指南、职业工作评判标准、职业理想信念。第一层，职业工作行动指南是指道德引导人们在职业工作中采取行为的方式、方法、途径，即职业工作的共同行为准则和规范；第二层，职业工作评判标准是指道德指导人们判断某个人或者某个群体的职业工作行为是否符合职业道德的评判标准和规范。第三层，职业理想信念是指职业道德是存在于群体中的共同的精神动力、精神目标和崇高信念。职业道德包括"人们对待工作本身的一种态度和信仰"[126]，而道德规范必须细致入微，而不能采用笼统的说法。[127]职业工作行动指南、职业工作评判标准和职业理想信念三者合而为一构成了职业道德的内涵。

　　（二）职业道德的客体

　　职业道德的客体是包含职业道德的具体工作行为，即人们在职业工作共同行为准则和规范引导下呈现的具体工作行为。道德作为调节人与人之间关系的柔性手段具有非强制性特征，它主要借助于社会舆论、传统习惯、内心信念的力量约束社会交往关系中人们的行为。[128]职业道德是在每一个职业诞生、发展过程中形成的、约束该行业健康发展的一些基本信条。[129]职业道德的客体既包括向社会公布的行业工作标准，也包括在实践工作中的具体行为。前者是显性的，社会公众可以通过阅读文件知悉、认可该职业道德要求的共同行为。后者是隐性的，蕴藏于具体的职业工作行为之中，只有在具体职业工作中与其打过交道的同事、顾客、供应商等才能体会到某个人员职业工作行为呈现的职业道德。

向社会公布的行业工作标准中所展现的职业道德一般会正面、积极地表明从业人员在工作岗位上开展职业行为、职业活动时应当秉承较高的道德要求，包括在职业行为、职业活动过程中的全部主体以及相互关系中呈现的勤奋、热情、节俭、诚信、敬业等。例如，从业人员与服务对象、用人单位与整个行业、用人单位与员工、员工与员工之间友好合作的关系，以及自身承担的义务与对方享有的权利。从业人员在实际职业行为、职业活动中呈现的职业道德，通常能够鲜明地展现职业特征的行为规范、行动指南、思想指导。整个社会对职业道德的基本要求是制定行业职业道德具体规范性内容的方向和原则；行业职业道德具体规范性内容是整个社会对职业道德的基本要求的具体化。[130] 如果某个职业实践工作的具体行为所反映的职业道德符合向社会公布的行业工作标准所展现的职业道德，那么职业道德的客体在该职业工作中的呈现具有一致性。某个行业的职业道德客体具有一致性，有助于职业发展，也有助于职业道德发展。任何职业都要求其从业者敬业爱岗，有良好的职业道德。[131] 当然，某个职业实践工作的具体行为体现的职业道德也有可能不符合向社会公布的行业工作标准体现的职业道德，那么可以称为不一致性。不一致性可能出现两种情况。第一种情况是某个职业实践工作的具体行为体现的职业道德低于该行业向社会公布的行业工作标准中体现的职业道德，称之为负的不一致性。第二种情况是某个职业实践工作的具体行为体现的职业道德高于该行业向社会公布的行业工作标准中体现的职业道德，称之为正的不一致性。如果某个职业工作的职业道德客体出现负的不一致性，那么意味着该职业工作难以得到社会认可，职业工作的收入不能满足工作人员的发展，职业道德也随之陷入困境。如果某个职业工作的职业道德客体出现正的不一致性，那么意味着该职业宣称的职业工作标准已经落后于职业工作实践，应该修改向社会公布的行业工作标准，以更充分地展现职业道德的发展。根据道德源于实践、用于实践的规律，职业道德客体出现负的不一致性和正的不一致性都是暂时的，经过职业工作的长期实践，两种不一致性最终逐渐向一致性靠拢。职业道德客体的动态调整如图2-4所示。

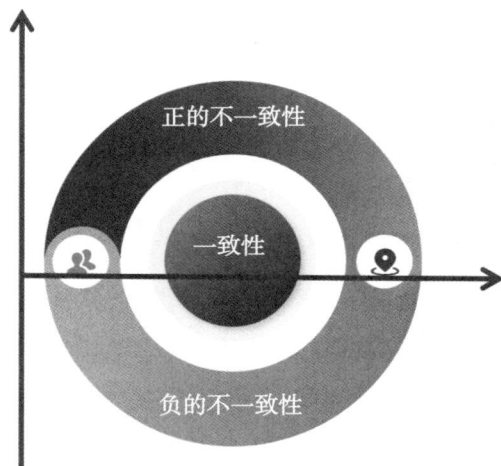

图2-4　职业道德客体的动态调整

（三）职业道德的内容

职业道德的内容是人们在具体工作情况下展现的工作行为准则和规范，既包括明文规定的工作守则、劳动规程、规章制度、行为须知、服务公约等，也包括人们实际工作中的具体行为准则和规范。作为道德在职业工作领域的具体表现，职业道德的内容还包括人们在具体工作中展现的思想观念、为人品行、行为规范、工作态度与精神风貌，诸如人们在日常工作行为中表现出来的待人接物的态度和行事风格。

《新时代公民道德建设实施纲要》指出，"推动践行以爱岗敬业、诚实守信、办事公道、热情服务、奉献社会为主要内容的职业道德，鼓励人们在工作中做一个好建设者"①。这五个方面既包括职业工作领域的社会意识，也包括职业工作领域的具体行为准则；既有职业工作领域的精神要求，也有职业工作领域的实际行为的规范；既是对职业工作群体的整体要求，也是对个人实际工作的具体要求。爱岗敬业指的是对自身所从事职业的热爱和崇敬，是对职业的一种强烈的责任感。[132] 爱岗敬业不仅要求从业人员遵守工作守则、劳动规程、规章制度、行为须知、服务公约等明文规定，而且要求人们从事职业工作时必须遵守职业工作规律和社会公德。诚实守信是中华民族的传统美德，是革命传统道德的一个重要内容，是为人的基本品德，也是人与人之间交往的关键，更是就业能力中需要具有的基本道德品质[133]。诚实守信不仅要求人们在职业工作中对待接触的客户、供应商、同事等讲诚信，而且要求人们在具体的工作中对社会公众讲诚信，不能损害陌生人的利益。办事公道不仅要求人们在职业工作中公道地对待同事、客户等，还要考虑自身职业工作对社会的广泛影响。热情服务不仅要求人们对待熟悉的、优质的群体服务热情周到，而且要求人们热情周到地对待陌生的、劣势的群体。具有奉献社会的先进性素质的中国工人阶级，在市场经济关系中必然要遵循用户至上的服务理念，体现诚信无欺、精益求

---

① 新华社.中共中央 国务院印发《新时代公民道德建设实施纲要》[N].人民日报，2019-10-28（1）.

精、质量第一的劳动品格。[134]奉献社会不仅突出人们在职业工作中为社会作出贡献，而且要求人们发挥职业专长为社会贡献更多力量。人们在职业工作中必须把自身工作放在社会进步的整体上才能突出职业道德作为社会意识的价值。虽然各行各业都有职业道德规范[135]，但是人们只有把职业工作放在社会发展的层面才能体现出职业理想信念的追求。这科学地阐释了职业道德内容的五个方面，即爱岗敬业、诚实守信、办事公道、热情服务、奉献社会。因此，职业道德内容的五个方面都兼具着社会层面和个人层面。如果只强调职业道德内容中看得见、摸得着的个人层面，忽视了职业道德内容的社会层面，那么很有可能无法突出职业道德是社会意识的组成部分。如果只强调职业道德内容中社会层面的整体要求，而忽视职业道德内容中人们在职业岗位中工作行为的具体要求，那么很有可能缺乏可操作性，会让人摸不着头脑、不知所措。因此，职业工作的内容一方面通过明确、具体的规范来要求人们的职业行为、职业活动符合职业工作的共同行为准则，另一方面突出职业道德作为社会意识的切实存在的载体对人们在职业工作中的精神活动的要求。例如，工匠精神是工匠从职业伦理的良心出发，在知识学习、技术改进的过程中不断领会自我的生存意义、体悟劳动的价值，从而将职业道德内化于心。[136]在新时代，中国特色社会主义市场经济环境更加强调职业道德中的诚实守信、有序竞争、遵纪守法等，既体现了中华文化崇德尚贤的优良传统，也体现了中国式现代化的时代价值。[137]职业道德内容表现出来的形式既是切实可行的办法、规章，也是国家倡导的职业准则，更是社会意识的道德体现。职业道德的内容如图2-5所示。

（四）职业道德的发展历程

职业道德是人类社会生产力发展到一定程度，形成了社会分工之

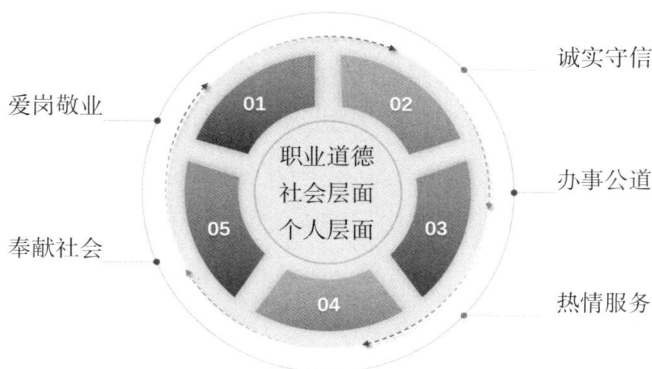

图2-5 职业道德的内容

后才产生的。在人类社会漫长的历史中，社会分工是生产力发展的社会动力。职业在社会分工中逐渐形成、发展，职业道德也同时在社会分工中逐渐产生和发展。产生于传统社会的道德理念，主要是对同时代经济、政治等状况的思想回应和折射，不可避免地带有历史的局限性。[138] 随着社会分工越来越细，职业门类越来越多，职业工作协作范围越来越广，职业道德呈现普适化的趋势。

1.农业时代及其以前的职业道德

农业时代以前，人类处在茹毛饮血的原始社会，人们通过打猎、采果子等最原始的劳动维持生计。在原始社会，人类社会以部落群居的方式存在，人类生产力水平很低，面临极高的生存风险。为了生存，人们往往都是群体行动，主要以体力等粗略划分部落成员的活动范围和方式。在这种人类的最初级阶段，原始部落没有严格的劳动分工，没有清晰的职业门类，职业道德还难以被单独识别，而蕴藏于部落成员之间的道德。

从农业时代开始，人类社会不断掌握各种农业种植方法，快速提高生产力，人们开始定居，建立村落，人口大幅度增长，城市规模越来越大、数量越来越多，社会结构趋于复杂。农业不仅给人类社会提供了食物，而且促使人类社会出现了明确的、长期的、稳定的分工。男耕女织反映农业时代已经有了科学的社会分工。随着生产力的发展，畜牧业、养殖业从农业中分离出来，人类社会分工更为清晰。随着社会大分工，人类社会出现了各类专门的职业，使人们逐渐有了自己的角色定位，在劳动中承担着不同的职责，并逐渐形成了各自的生产方式、生产工具和生产习惯。生产力发展带来了社会分工，社会分工进一步推动生产力发展。社会分工之后需要广泛的社会协同，才能把各行各业的职业工作聚合起来成为推动生产力的强大动力。社会协同要求各行各业劳动者的生产活动符合社会另一些成员的要求，为此，出现了用来规范人们的劳动行为、指导其进行劳动生产、约束其劳动职责的行为准则，也就是职业道德。在这个阶段，人们已经可以从道德中单独识别出与职业工作有关的道德。虽然这时的职业道德处在最初的阶段，内容简单、粗略，但职业道德已经成为社会意识的重要组成部分。

手工业从农业中分离出来之后，社会分工进一步细化。专门从事手工业的人员掌握了精湛的技艺，许多手工业出现了多人协作，很多人在不同的工序环节上工作，工艺流程也越来越细、越来越复杂。于是，职业种类开始快速增长，职业工作之间相互依赖程度越来越高，职业工作之间的协作越来越重要、越来越精细。职业内容、职业形式都有了阶段性的进展，出现了一些行业内的行业协会。行业内的从业人员之间的关系也变得更加复杂，如行业之间同类型分工的人的竞争、师傅带徒弟等关系都出现了。各行业把做好自己的事当作最起码的也是最重要的职业操守。到此时，各类职业工作不仅要符合技术标准，而且工作态度等也要遵守相应的规范。职业道德开始进入萌芽阶段。

社会分工在商业出现之后加速发展。商业通过长期的、大量的、频率较高的市场交易促使广大地域内各行各业的劳动成果相互流通，从而使各行各业更为专注地提高细分领域的生产效率。17世纪，工场手工业逐渐演化为原始的私人企业，漫长历史中形成的教会对商人的社会责任要求已转化成商人职业道德的一部分。[139]商业组织不仅使市场交易专门化，而且使市场交易成为协同千行百业工作的社会协同方式。商业引导生产者努力满足万里之外不曾谋面的人的需要。这时职业道德已经突破生产者自身接触的社会范围，成为广大范围社会各方的共同行为准则和规范。职业道德已经不再是人们的直观感受，而是道德在职业工作领域的表现，有着具体标准的工作要求。人们不仅用职业道德要求某个具体职业行为，而通过评价好坏强化职业工作准则和规范。商业不仅促使产业快速发展，而且促使职业道德的内容日趋丰富。

2.工业时代的职业道德

蒸汽机的发明及运用成功地推动了第一次工业革命，人类社会进入工业时代。此后，电力在生产和生活中的广泛应用推动了第二次工业革命。20世纪后半期，先进技术、工艺和设备普遍与以互联网和计算机为代表的信息技术相结合推动第三次工业革命席卷全球。21世纪初，中国、日本、德国、美国等科技大国突出提高资源生产率和减少污染排放，打造智能化生产系统以及网络化分布式生产设备设施，推动了第四次工业革命。这样，职业道德不仅是一般社会道德在职业活动中的具体体现，同时又具有具体行业、职业的特殊性。[140]工业革命使人类社会生产力达到前所未有的高度。工业革命极大地提高了劳动生产效率，经济快速发展，众多工业行业快速兴起。一批大规模生产企业，根据其他企业和大众市场的需求，借助物联网平台按需调度，实现批量生产的"大规模定制"。[141]工业革命催生了大批职业，放宽了劳动者的体力要求，允许大量妇女进入产业工人大军，社会分工越来越细，而全球贸易使得各行各业力求建立全球市场，社会协作越来越重要。

在工业时代，人类社会一方面依靠全球化的、精细的社会分工快速提高社会生产力获得了大量的物资供应，人们的生活水平大幅度提高；另一方面全球化的、精细的社会分工需要相应的全球化的、精细的社会协同。工业时代的社会协同需要完整的职业体系和独立的职业道德体系。职业道德的发展进入了快速发展阶段，各行各业的协同交往越来越频繁，职业发展越来越多元、越来越成熟，工会成为重要的社会力量，使得职业道德的形式和内容都有了大跨步的发展。职业道德在规范职业工作、提高职业素养等领域发挥的作用也越来越大。工厂是工业时代的标志。大量工业品从工厂中制造出来，满足世界各地市场的需要。工厂的内部分工十分精细，各工序衔接、工艺流程协同成为保持工厂高效生产的关键。工厂内部采取行政方式协同。工厂内的工作人员必须确保自身工作环节时间、强度、精度都必须符合规范要求，否则，就会影响到下一个生产环节的进度和质量。遵守纪律、团结合作、按时完成工作等成为职业道德的要求之一。工业革命推动生产力快速发展，工厂是市场供应体系中重要的组成部分。工厂通过市场交易获得供应商提供的设备、原料、燃料动力等资源，也通过市场获得劳动力和出售产品。市场是工厂与外部各个主体协同的渠道。市场竞争日益激烈，产品销售成为行业企业生存和发展关键，服务业快速发展。市场经济是契约经济、信用经济。重约守信、言而有信、诚信为本是现代企业必须具备的职业道德，也是公平有序竞争的基本条件[142]。一些服务行业倡导"顾客是上帝"理念、"微笑服务"工作态度等。这些职业工作的共同行为准则和规范已经成为许多行业职业道德的重要内容。

3.数字时代职业教育

数字时代是数字技术在各行各业广泛应用后呈现的经济社会新形态。数字技术的广泛应用对社会关系、社会结构、生产生活方式等产生了深刻影响。[143]在数字时代，不仅传统工商业的大量体力劳动被实体机器人替代，出现了无人工厂、无人超市等新的生产方式，而且大量工作转变为对各类海量数据和数字资料的收集、整理、分析和使用，大量重复的、低技能的脑力劳动也开始被各种软件机器人替代，代理记账、考勤统计等工作已经由RPA、AI替代。数字技术变革还引起生产效率的进一步提高，大企业整合全球生产资源的能力增强，可以快速满足各类生产和生活的多样化需求，增加大量数字化转型的新岗位，从而大幅度增加高技术和技能劳动力需求。从马克思论证"生产力中也包括科学"的观点到邓小平提出"科学技术是第一生产力"的论断，反映了蒸汽化、电气化、信息化、数字化、智能化革命浪潮中的科技进步，对人类社会发展的推动作用愈加突出。[144]数字技术推动经济发展，外卖员、网约车司机等新形态的岗位需求量巨大。2024年9月，人力资源和社会保障部公布了19个新职业，其中大多数职业与数字化转型有关，包括网络安全等级保护测评师、工业互联网运维员、云网智能运维员、生成式人工智能系统应用员、用户增长运营师、网络主编、智能制造系统运维员、智能网联汽车装调运维员等。例如，网络媒体人对社会舆论具有重要的引领作用，因此应当树立正确的世界观、人生观和价值观，秉持公平、公正、客观的原则，实事求是地制作、传播信息，严格遵守职业道德与行为准则。[145]许多新形态岗位采取灵活用工的方式开展职业工作。平台企业在非雇佣劳动的模式下形成的灵活用工、合伙经营等产生的新职业需要相适应的、新的职业道德，而平台企业则应当比照传统雇主承担一定程度的雇佣责任[146]。当然，我国现在正处于数字化转型的过程之中，许多新的职业道德还在孕育成型之中。这需要我们深入研究数字时代职业道德的发展状况，为我国发展新质生产力贡献力量。

第二节　职业道德的特征与作用

一、职业道德的特征

（一）职业的多样性

职业道德是道德在职业领域的具体表现。职业道德在不同的行业有着不同的具体表现，不同职业的行为准则和规范会存在差异，人类的社会分工与社会协作决定社会中存在着众多的行业和成千上万种工作岗位。比如教师的职业道德是师德，医生要讲医德。可见，职业道德具有职业多样性。每类职业都有着适合其职业特点的职业行为准则和规范，表现为每类职业都有着其各自的职业工序、职业指南和职业规范。职业道德针对各行各业从业人员在行业内形成职责范围、行业规定、操作规范。比如，外卖员每天要与消费者打交道，并经手消费者订购的商品，外卖员应当秉承的最起码的原则和规范，就是及时将商品送到客户指定的地方，不能打开外卖包装，更不允许私吞商品。再比如，游泳教练要面对很多的学员，教练应当秉承的职业道德之一就是对学员认真负责，并一视同仁，不能因个人对某位学员的喜恶而厚此薄彼，从而影响学员心理和练习效果。不同行业的职业道德反映了不同职业环境、职业工作内容和职业工作方式。不同行业在职业道德方面也存在差异。例如，法律行业强调公正、客观和独立，以确保法律的公平和准确性。而护理行业则注重患者的安全和隐私保护，同时强调医德和人文关怀，除了专业技能外，软技能和养老护理行业从业人员的职业道德培育同样至关重要，应将心理疏导、有效沟通以及尊老敬老的价值观等纳入培训体系，规范护理服务人员的职业行为，形成行业伦理和行业文化。[147] 在商业服务行业，诚信、透明度和可持续性都是重要的职业道德规范。金融业自律规则反复强调，从业人员必须以高标准的职业道德规范行事。[148] 在长期实践中，相同的职业会逐渐形成相同的职业工作环境、职业工作内容、职业工作心理、职业工作习惯等等，进而会产生相同的职业道德。不同的职业会有一些不同的工作环境、工作内容和工作方法，进而产生不同的具体职业行为准则和规范。职业道德的职业多样性决定了不同行业、不同职业可能形成不同的行为准则、履行不同的职业道德义务。部分职业的具体职业道德规范见表2-1。

表2-1　　　　　　　　**部分职业的具体职业道德规范**

序号	职业	具体职业道德规范
1	商店营业员	主动热情，周到服务。一视同仁，顾客至上。诚实守信，买卖公平。文明经商，礼貌待客。钻研业务，提高技能
2	酒店服务员	热爱本职，忠于职守。文明服务，礼貌待客。讲究卫生，保障健康。遵纪守法，诚信无欺
3	财会人员	顾全大局，忠于职守。实事求是，讲求效益。遵纪守法，廉洁奉公。精通业务，一丝不苟
4	商业采购人员	热爱企业，配合各方。关心生产，服务消费。重视契约，严守信誉。热爱采购，洁身自爱
5	商业销售人员	买卖公平，货真价实。讲究信用，恪守合同。平等待客，热情礼貌。方便让人，奉公守纪
6	商业存储人员	确保商品安全，科学储存商品。服务购销，方便客户。讲究信誉，清廉自爱。公私分明，爱货如宝

（二）道德的普适性

职业道德在具体职业领域闪耀道德的光芒。尽管职业工作条件和内容可能存在较大差异，职业工作的具体行为准则和规范也有所不同，但是道德的真、善、美始终存在于各行各业的职业道德之中。职业道德具有道德的普适性。道德作为社会意识的组成部分对社会成员的思想产生普遍的影响。社会意识是人类社会在长期的生产和生活实践中形成的。社会意识作为对社会中存在的多元关系的反映，其存在形式注定会因主体社会生活实践的复杂性而丰富多样。[149]道德是社会意识中积极、正面的部分，能够引导人们努力做好职业工作。职业道德中道德的普适性作为社会意识层面的指导思想，对人们的人生观、世界观、价值观、职业观产生着重要的影响，是人们在纷繁复杂的职业工作过程中保持内心纯净、品德高尚的法宝。道德的普适性促使职业道德普遍地引导各行各业人们在职业工作中建立良好的合作关系，职业工作之间的协同趋向于平等、互助、共赢、协作、团结、友爱，职业道德普遍突出奉献、服务。虽然社会上各个行业所秉承的行为准则和规范存在多样性，但是在千差万别的具体职业操守中，职业道德仍然具有普适性的共同点，这就是道德的普适性。

《新时代公民道德建设实施纲要》指出职业道德以爱岗敬业、诚实守信、办事公道、热情服务、奉献社会等五个方面适合所有行业和所有职业种类的工作行为，正是道德的普适性在职业道德中的具体表现。这五个方面不仅为人们在职业领域更好地开展工作、更好地为人民服务、更好地奉献社会提供了思想基础，而且赞颂了劳动人民的优良传统，展现了职业道德对中华民族优秀品质的传承。在职业道德中，道德的普适性得到全社会的普遍认同，进而在具体职业行为准则和规范中体现真善美。职业道德中的道德普适性会广泛影响各行各业的行为准则，对人们在日常工作和生活中坚守岗位职责、友好地待人接物等方面起着具体的指导作用，是广大从业人员勤恳工作、在平凡岗位上发光发热的行动指南，具有普遍的社会意义和社会影响力。道德中普遍存在的美好品格和行为是任何行业都会遵守的职业道德，并且人们还会在生产和生活中倡导这些美好的行为准则和规范，进而成为人们在职业工作中的一般价值判断标准和具体行为指南。

（三）历史的传承性

职业道德在发展的过程中具有历史的传承性。现在的许多职业可以追溯到几十年前、几百年前，甚至数千年前。例如，一些职业在古代就早已有之，比如公务人员、商人、士兵、医生、律师、教师等职业。这些职业在历史的长河中慢慢演变至今，而这些职业无论怎样演化，所遵守的职业道德的精神却一脉相承，甚至这种精神在现代社会中更加被人们推崇。例如，我国古代的医生在长期的医疗实践中形成了优良的医德传统。"疾小不可云大，事易不可云难，贫富用心皆一、贵贱使药无别"，成为我国医界长期流传的医德格言。一些职业道德的精华千百年来都没有变，并不断传承至今。

在人类社会的漫长历史中，职业道德随着社会分工和社会协同、职业发展而不断进步。职业道德的进步包含对历史上职业道德的继承和发扬。在许多行业的发展历程中，也出现过具有高超技艺和高尚品德的人物，他们的职业道德行为和品质受到广大群众的称颂，并世代相袭，逐渐形成优良的职业道德传统。这些职业道德继承了古今中外形成的所有职业道德的积极因素，摒弃了历史上相关职业的局限性，保留了相关职业工作领域的思想精髓，并不断结合时代背景、社会要求、行业和职业工作现实情况等进行了升华。比如，教师的师德是"传道受业解惑也"。这既是教师的使命，也是教师的职业操守。但在现代社会中却存在着少数教师由于在学校外的培训机构兼职，为了让学生多来课外班上课，而将很多内容放在课外班讲，出现课上应讲而不讲的现象。这样的行为就是对师德的违背。虽然这是少数教师的个人行为，但却败坏了教师队伍的整体职业形象。因此，新时代背景下，人们更加呼唤教师们传承师德的精髓。职业道德的历史传承性是对古往今来形成的各种职业道德去除糟粕、保留精华且有所创新、不断提高升华。

（四）时代的创新性

职业道德的发展体现了时代的创新。纵观人类社会历史，职业道德随着生产力提高、社会分工细化推动的社会协作和职业进步而发展。每一次生产力的大跃升，都会催生许多新的职业门类，进而赋予职业道德新的行为准则和规范。这些新的行为准则和规范是职业道德时代创新性的表现。工业革命以后，企业成为主要的经济组织形式。企业在内部采取严格的行政管理体系。比如，公司的经销工作人员在职责范围之内代表公司行使销售权、定价权等，但同时要做到按公司规章制度办理，不能侵害公司和客户的合法利益。公司的管理者在职责范围内只能对单位行使管理权、人事任免权等，但是也要本着认真负责的态度，并承担行为带来的风险。公司内部的监督人员在职责范围之内享有并行使着监督权，同时要本着公平、公正的原则为每一位同事负责，保证每一位当事人的合法权益不受侵害。

数字时代来临之后，平台经济催生了一些新职业。例如网约车、外卖员等。这些行业也形成了职业道德，例如，网约车司机的职业道德包括：遵守国家规定的相关运营服务标准，使用文明用语；保持车容车貌和车内整洁卫生；无正当理由不得拒载，不得途中甩客或者故意绕道行驶；保护乘客的隐私，不泄露个人信息等等。外卖员的职业道德包括：用心服务客户，积极解决客户问题，提供优质的配送服务；严格遵守配送过程中的各项规章制度和操作流程；保持良好的职业形象，杜绝违法或违反公司规定的行为；保护客户的信息安全，不得私自泄露或滥用客户信息。当前，我国许多产业正在数字化转型的阶段，我们可以预计各行业职业道德将会有许多新的变化。在数字时代，社会分工会发生很大的跨越，职业道德应该会有新的变化，并产生截然不同于传统工商业职业道德的鲜明特征。在职业道德的时代创新性中，我们可以发现：生产力的进步需要相适应的社会分工，而社会分工推动职业发展，职业发展促使职业道德进步。生产力进步是推动职业道德发展的根本动力，也是职业道德具有时代创新性的根本原因。

二、职业道德的作用

（一）社会关系的协调

从整个社会层面来看，职业道德属于社会意识的范畴，通过积极、正面的共同行动准则和规范推动社会各方认同职业工作的过程和结果，从而使职业工作相关主体与社会有关主体在职业工作过程中产生的各种关系达到和谐的状态。职业道德作为某类职业从业人员工作时的行为准则和规范，相当于该类职业群体向社会各界作出的承诺。如果某类职业从业人员在具体的职业工作中能够遵照职业道德的要求，得到社会各界的认可，那么相当于该类职业信守了承诺，从而促进社会各方更好地认识和理解该类职业的职业道德。职业道德能够协调社会各方关系，进而促使人们在职业工作中尽量做好本职工作，形成兢兢业业、恪尽职守的良好工作风貌，引导各行各业工作人员为社会发展贡献力量。

正是由于职业道德协调了社会关系，各岗位上的从业人员能够安心从事自身的职业工作，医生、护士深夜还在医院急诊室里争分夺秒地救死扶伤，挽救生命的同时也为我国医疗事业的发展作出了贡献；正是因为社会各方认同了教师高尚的职业道德，教师们才能坚守在三尺讲台，无数教师为了孩子、为了祖国的未来坚守在深山老林的教室里，铸就灵魂的同时也为我国教育事业的发展作出了贡献；正是因为职业道德协调了社会关系，消防员们才能面对滚滚的浓烟，毅然闯进熊熊的大火并勇往直前，尽最大能力挽救人们的生命财产安全，在浴火重生中为我国的消防事业的发展作出了贡献。这样的例子很多，千千万万劳动者在这些平凡的岗位发光发热，社会才能和谐稳定，人们才能安享美好生活。职业道德协调了社会关系，使各行各业人们在生产经营中分工、协作，在各自的岗位上忠于职守、尽职尽责，努力做好自己的本职工作，保证社会生产生活秩序，满足社会各界人士物质生活和精神生活的需要。可见，职业道德是协调社会关系的重要精神力量，是我国社会主义精神文明建设的重要内容和实现手段，是我国社会主义市场经济健康发展、市场秩序稳定和谐的有效保证，是协调社会各方关系的必要手段。

（二）职业工作的协同

从某类具体职业发展来看，职业道德作为职业工作中的共同行为准则和规范，发挥着促使从业人员树立正确的工作观、养成积极的工作态度，坚定职业信念、巩固职业情感、增强职业道德意识，推进职业工作的作用。随着社会分工越来越细，人们在职业工作中必须广泛地协作，才能完成职业工作。在职业工作中，职业道德成为协同人们在工作交往、工作活动、工作行为等各方面关系的重要工具。职业道德属于社会意识的范畴，得到了社会各界的广泛认同。因此，职业道德能够在具体的职业工作中帮助从业人员协同各种工作关系，如同事之间的协作关系、用人单位与员工之间的合作关系、从业人员与客户之间的服务关系等等。

职业道德通过职业规范、工作指南等具体规范性文件来指导从业人员秉持正确的工作态度、培养起良好的职业操守，更重要的是能够在具体职业工作中，使同事、客户等利益相关方清晰地知悉职业工作的具体内容和效果。职业道德能够促使从业人员协同与其他工作人员的关系，兢兢业业地做好自己分内的工作，调节从业人员在具体工作中的冲突与矛盾，并与同事建立良好的协作关系，热爱自己的职业工作团队。职业道德能够引导从业人员在分工协作的过程中把个人的利益放在职业团队的利益之后，能够积极执行职业道德的行为准则和规范，从而有利于职业工作团队合作和整体进步。在传统的工商企业，用人单位与员工之间是雇佣与被雇佣的劳动关系；在平台经济中，平台方与劳动者之间存在大量非雇佣的劳动关系。不论属于雇佣还是灵活用工，用人单位与员工之间都是合作关系。如果用人单位与员工存在良好的合作关系，那么就能让员工热爱本职工作，努力服务顾客，能够积极完成单位交给的工作任务，并服从单位的管理。这样能够协调用人单位与从业人员之间的关系。职业道德能够引导从业人员与客户建立良好的服务关系，能够促使从业人员时刻以客户的利益为上，做到不欺骗、不隐瞒、不做假，并能够在工作中时刻为客户着想，维护客户的利益，完成客户交付的任务，保守客户的商业秘密，提高为客户服务的水平等。职业道德在协同复杂而庞大的职业分工中发挥了重要作用，从而有力地推动了职业工作。

（三）工作人员的团结

从工作人员自身发展来看，职业道德不仅是工作行为准则和规范，也是清晰界定工作人员责任边界的重要工具。在职业道德界定的工作范围内，工作人员应自觉完成相关任务，以爱岗敬业为荣，以服务他人为荣，以诚信待人为荣。在职业道德界定的工作范围之外，工作人员可以拒绝相关工作和要求。无论是同事、领导和客户都不应该向工作人员提出职业道德界定的行为准则和规范之外的工作任务及要求。当然，工作人员不断提高自己、挑战自己，也有可能完成额外的工作任务。在这样的情况下，工作人员额外的工作应该能够被同事、客户和社会各界认可。因此，职业道德界定的工作责任边界可以成为工作人员爱岗敬业的时间和空间范围。

工作人员在良好的职业合作关系中能够更好地发挥自身的才能，一方面促使职业工作团队的工作效果更好，另一方面也能够让同事认可其工作，从而有利于工作人员进步。工作人员在工作岗位上默默奉献，有助于职业工作更好地得到社会认可，从而激发工作人员的职业荣誉感。职业道德通过引导工作人员建立正确的思想意识来影响职业工作效率和效果，并通过职业规范等文件内容的规定来约束从业人员的行为，让工作人员自觉地为他人着想、以为他人服务为荣。比如，职业道德会引导工作人员自觉抵制以次充好、滥竽充数、假冒伪劣等行为。职业道德的积极导向、正向调节和激励作用，能够激发各行各业千千万万的工作人员努力钻研工作技术技能、提高工作效率、降低能耗和成本，更好地服务客户，在社会公众眼中树立良好的职业形象。

正是职业道德广泛而深刻地引导了无数工作人员努力工作、爱岗敬业、诚实守信、奉献社会，各行各业才能不断跟上时代步伐，社会生产力才能持续发展。因此，职业道德对工作人员的团结、职业工作的协同和社会关系的协调都发挥着积极、正面的作用。

三、数字化时代职业道德的新趋势

在数字时代，数字技术的广泛应用推动了各行业数字化转型、大幅度提高了生产效率。例如，数字化技术尤其是人工智能、区块链、云计算和大数据促进企业供应链效率提高。[150]数字化转型带来的变革一方面使生产生活更为便利和经营效率更加高效，另一方面促使职业道德呈现了新的趋势。

第一个趋势是数据隐私保护成为职业道德重要内容之一。在数字时代，用户数据成为重要的资产。商家在收集、使用、存储和传输这些数据时，必须严格遵守数据隐私保护的原则。将数据控制能力等非价格因素纳入界定参数的同时，需要明确"个人隐私"作为分析工具的限制。[151]这包括但不限于：明确告知用户数据收集的目的和范围，获得用户的明确同意，以及采取合理的安全措施保护数据不被非法获取和使用。作为职业道德，数据隐私保护要求产业端所有工作岗位在具体工作中必须把数据隐私保护置于商业利益之上，不能为了追求商业利益而损害任何个人和社会组织的数据隐私。

第二个趋势是职业道德要求工作人员承担信息安全责任。随着网络攻击的频发和信息安全事件的增多，企业和个人对信息安全的重视程度也在不断提升。在数字时代，企业和个人不仅要确保自己的信息安全，还要对可能的信息泄露和攻击负起责任。威胁的变化表现为黑客和攻击者持续不断地寻找新的漏洞，企图借此入侵目标系统，窃取敏感信息或混乱网络秩序。[152]这要求企业和个人都必须采取足够的安全措施，如定期更新软件、使用强密码等，以减少信息安全风险。当前，信息产品及其相关配套服务的主体是企业。职业道德要求产业端相关企业岗位的工作人员必须切实承担信息安全责任，确保信息产品和服务中各个主体的信息安全。

第三个趋势是职业道德要求人们遵循网络行为准则。网络空间虽虚拟，但并非法外之地。在数字时代，人们必须遵守网络行为准则，尊重他人的知识产权、隐私和人格尊严。企业和个人必须尊重他人的知识产权，不得未经授权使用他人的作品或技术。同时，也要积极保护自己的知识产权，通过注册专利、商标等方式维护自己的合法权益。常见的网络失范行为有五种形式，包括网络欺诈、网络色情、网络恶搞、网络暴力、网络侵权，它们不但污染了网络生态环境，而且有悖社会主义核心价值观及公序良俗。[153]企业和个人在发布和传播信息时，必须确保信息的真实性和准确性，不得发布虚假信息或误导公众。网络行为准则包括但不限于：不发布和传播虚假信息、不侵犯他人版权、不进行网络欺诈和攻击等。从职业道德出发，网络行为准则要求企业工作人员和社会公众都要遵从法规和公德。

第四个趋势是数字时代的职业道德要求社会必须审视新一代信息技术的道德伦理。技术的发展往往伴随着伦理和道德的挑战。在数字时代，必须对新一代信息技术的使用和发展进行伦理审视，确保这些技术的使用不会对社会造成负面影响。例如，在人工智能领域，企业和个人需要关注算法偏见、数据歧视等问题，确保人工智能技术的公平和公正。随着人工智能技术的快速发展，其应用领域也在不断扩大。有学者提出了："智能机器的设计者、制造者、所有者和使用者又应当为其行为承担怎样的责任？"[154]由此可见，人工智能等技术的使用和发展必须在道德和法律的框架内进行，确保其在不侵犯他人权益、不损害社会公共利益的前提下发展。数字化转型对产业端各个工作岗位人员的职业道德提出了新的要求。产业端的工作人员必须不断提升自己的职业道德素养和水平，才能适应数字时代的工作要求。

在数字时代，数字化转型推动各工作岗位在实践中产生了数据隐私保护、信息安全责任、网络行为准则、技术伦理审查等新的职业道德元素。数字化转型的实践还会推动职业道德的原有元素发生变化，赋予它们新的数字化内涵。这些新的职业道德元素与原有的职业道德元素共同融合，形成适合数字时代的职业道德整体，覆盖了数字时代各类企业、工作人员、社会公众和政府监管部门等多个主体。马克思主义认为，精神生产力也属于生产力的范畴，它实际上就是"文化软实力"。[155]职业道德作为"文化软实力"的组成部分，在推动社会进步的过程中发挥了不可替代的作用。恰到好处的职业道德能够推动数字化转型，有益于数字经济发展和社会进步。

第三节　职业道德教育的内涵与结构

一、职业道德教育的内涵

（一）职业道德教育的概念

职业道德教育是教育的重要组成部分。广义的职业道德是指增进人们职业道德知识、技能和素质的活动，也包括影响人们的职业道德意识的其他活动。我国高度重视职业道德教育，把职业道德教育作为公民道德建设的重要内容，在全社会开展职业道德教育。《新时代公民道德建设实施纲要》提出"全面推进社会公德、职业道德、家庭美德、个人品德建设，持续强化教育引导、实践养成、制度保障，不断提升公民道德素质，促进人的全面发展，培养和造就担当民族复兴大任的时代新人。"①群众性精神文明创建活动中也包括职业道德教育。我国各行各业也开展了职业道德教育。例如，2024年10月，中铁广州局市政环保公司西安沣西片区市政项目组织开展了以"崇尚职业道德、感悟道德力量"为主题的道德讲堂活动，强调了坚定信仰，努力干好自己的本职工作，成为一个有责任、有担当、有进取心的人，让自己成为道德的传播者和践行者的重大意义。2024年3月，信阳市审计局组织开展"恪守职业道德 弘扬敬业精神"宣传教育活动，促进

---

① 新华社.中共中央 国务院印发《新时代公民道德建设实施纲要》[N]. 人民日报，2019-10-28（1）.

工作人员更加深刻地理解审计人"严格依法、正直坦诚、客观公正、勤勉尽责、保守秘密"的审计职业道德内涵。职业道德教育已经成为各行各业实施新时代公民道德建设的重要途径。

狭义的职业道德教育则主要指学校实施的职业道德教育，是学校有目的、有计划、有组织地传授职业道德知识、技能，系统地培养职业道德的活动。从中小学到大学，不同阶段的学校都应该实施职业道德教育。当然不同阶段职业道德教育的重点有所不同。《新时代公民道德建设实施纲要》指出："遵循不同年龄阶段的道德认知规律，结合基础教育、职业教育、高等教育的不同特点，把社会主义核心价值观和道德规范有效传授给学生。"[①]社会主义核心价值观和道德规范是学校面向学生开展道德建设的内容，也是职业道德教育的重要内容。有的中小学校依据教育部印发的《中小学德育工作指南》，结合学校情况，制定了分学段的学生职业道德教育方案，突出在劳动实践中体验爱国、诚信、友善、敬业等社会主义核心价值观和职业道德规范。职业教育和高等教育的院校是实施职业道德教育的主要主体。职业院校和高校通常把职业道德教育与专业课程教学结合在一起，引导学生在学习专业知识和实践技能的过程中深刻领会职业道德。一些院校结合地方特色和专业情况，开设了富有地方色彩的职业道德教育教学课程。例如，有的院校开设了"中华商文化"课程，有的院校开设了"会计文化"课程，还有的院校开设了"晋商文化"或者"粤商文化"课程等。这些情况说明我国职业院校和高校日益重视职业道德教育。

广义的职业道德与狭义的职业道德两者联系紧密，相互支撑。广义的职业道德教育泛指整个社会所有与职业道德教育有关的活动，而

---

① 新华社.中共中央 国务院印发《新时代公民道德建设实施纲要》[N]. 人民日报，2019-10-28（1）.

狭义的职业道德教育是由学校实施的，限定在学校的空间范围内。学校的职业道德教育是整个社会职业道德教育的重要组成部分。整个社会的职业道德教育为学校的职业道德教育提供了重要的方向和丰富的资源。学校的职业道德是落实整个社会职业道德的最终环节。职业道德教育作为一种惠及全社会的活动，有着广泛的社会影响力。因此，当我们研究和分析学校的职业道德时也应该充分考虑全社会开展职业道德教育的情况。

（二）职业道德教育的特点

1.教育范围的广泛性

职业道德教育对象的范围比较广泛，既包括在职工作的相关人员、即将进入社会工作的高校和职业院校学生，也包括退休人员、中小学学生和其他社会公众。职业道德教育的广泛性取决于职业道德是某类职业的共同行为准则和规范，不仅该类职业的从业人员需要熟悉和掌握这些行为准则和规范，该类职业的客户、供应商等利益相关方也需要知悉和理解该类职业工作的行为准则和规范，以保护自身的权益，而且其他社会公众也需要了解该类职业工作的行为准则和规范，以评判具体事项的是非对错。职业道德教育不但要涉及从业者，还要包括准从业者和未来的从业者。人们往往认为职业道德应当是针对从业者的，但是职业道德教育是一个长效的行为和过程，必须着眼于人的成长过程来开展职业道德教育。因此，职业道德教育对象的范围十分广泛，可以包括整个社会。

职业道德教育主体的范围也比较广泛，既包括行业企业、各级各类学校、党政机关等组织机构，也包括职业工作人员、职业工作宣传人员、职业技术研究人员和教学人员等群体。这些组织机构和群体熟悉职业道德的具体内容、工作程序和方法。行业企业、职业工作人员和职业工作宣传人员通过开展职业道德教育一方面可以促使内部工作人员掌握职业道德的各项具体操作细则，提高职业工作效率和效果，另一方面可以帮助客户、供应商和社会公众熟悉职业工作的行为准则和规范。这样可以在一定程度上减轻，甚至避免客户、供应商和社会公众对工作人员职业工作的误解，引导客户、供应商和社会公众监督、评价从业人员的工作态度和精神风貌等。各级各类学校、教学人员和职业技术研究人员是面向在校的青少年学生开展职业道德教育的主要主体。在校的青少年是各行各业未来的重要从业人员，可以通过学校开展的职业道德教育进一步熟悉和掌握职业工作的共同行为准则和规范，从而在未来更好地进入职业工作状态。职业种类、职业工作技术等随着生产力发展而不断进步，必然推动职业道德发展。职业道德教育必须持续适应职业道德的发展。因此，职业道德教育的研究和开发是职业道德教育的重要组成部分。各级各类学校、教学人员和职业技术研究人员还可以研究、开发相关专业的职业道德教育教学内容，从而为社会提供丰富多彩的职业道德教育材料。党政机关是开展职业道德教育的重要主体。党政机关具有较高的权威，可以通过开展职业道德教育宣传、评选职业道德模范、立项职业道德教育课题研究项目等，引导社会各界积极主动地开展职业道德教育。我国高度重视职业道德宣传的教育作用。2007年以来，中共中央宣传部、中央文明办、全国总工会、共青团中央、全国妇联、中央军委政治工作部举办的评选全国道德模范表彰活动，包括助人为乐、见义勇为、诚实守信、敬业奉献、孝老爱亲等5个类型，对我国职业道德教育产生重大的积极影响。

2.教育内容的职业性

职业道德教育的内容主要是职业活动领域的道德，教育内容具有鲜明的职业性。职业性突出了职业道德教育内容与其他道德教育内容的区别。相对于社会公德、家庭美德、个人品德，职业道德教育的内容主要针对职业工作领域，具有鲜明的职业属性。从广义的职业道德教育来看，凡是与职业工作行为准则和规范相关的各类图文资料、视频材料、各类事项、典型人物、器具和文艺作品等，都可以成为职业道德教育的内容。各行各业都需要开展职业道德教育。社会上的工作种类千千万万，工作性质和工作内容各不相同。为了提高职业道德教育的效果和效率，职业道德教育内容就要做到有的放矢，有针对性地在不同行业内结合行业特点和工作程序构建职业道德教育材料，如对教师要提供教师职业道德教育的资料，对护士要提供医护工作者职业道德教育的材料，对法官要进行司法人员职业道德教育等。某类职业道德教育的内容不仅可以包括自身职业工作过程中沉淀的各种材料，还可以从爱岗敬业、爱国友善、诚实信用等角度借用其他职业工作中的材料。例如，2024年9月，水利部海河水利委员会引滦工程管理局天津基地举办了以"爱岗敬业讲奉献 恪尽职守勇担当"为主题的道德讲堂，深入学习了"最美水利人"程兵峰的先进事迹①。2017年，定西市住房公积金管理中心在"加强职业道德教育 切实改进工作作风"的职业道德教育活动中使用了新疆哈密地区中级人民法院退休干部阿布列林·阿布列孜46年勤勤恳恳，坚持依法办案，维护民族团结，努力做焦裕禄式好干部的事迹②。广义的职业道德教育的受众非常广泛，既包括人们作为学生在学校接受的职业道德教育，通过学校设置的相关课程来了解和理解职业道德；也可以包括人们走上工作岗位后，各个岗位上的实际工作者、从业者通过相关的岗位学习或工作培训等方式接受职业道德教育。因此，广义的职业道德教育的内容惠及的对象是

---

① 陶莉.天津基地举办"爱岗敬业讲奉献 恪尽职守勇担当"主题道德讲堂［EB/OL］.［2024-04-29］.http://www.hwcc.gov.cn/ylgcglj/jcdt/202404/t20240429_118369.html.
② 定西市住房公积金管理中心.加强职业道德教育 切实改进工作作风［EB/OL］.［2017-11-15］.http://gjj.dingxi.gov.cn/art/2017/11/15/art_9633_578693.html.

全社会。广义的职业道德教育的内容来源可以十分广泛，但还是聚焦在职业工作中展现的道德光辉。职业道德教育要突出职业性。职业道德教育的效果如何，最终要体现在实际的职业工作之中。职业道德教育的内容一定会体现职业性，促使人们在职业实践中领会应用职业道德的理论知识和具体行为准则。因此，无论广义的职业道德教育的内容如何广泛，依然离不开职业的属性。

从狭义的职业道德教育来看，受到学校实施职业道德教育教学时间的限制和以青少年、儿童为教学对象的特点，职业道德的内容会经过教师精选，以适应课堂教学和校园环境育人的需要。当学生毕业后真正走上工作岗位工作时再进行职业道德教育，也许他们的世界观、价值观、道德观已经成型了。这时再对他们进行职业道德教育，效果会大打折扣。因此，学校面向学生实施职业道德教育十分重要。对在校学生开展职业道德教育才是从根本上优化社会职业道德的有效途径。职业道德教育的对象应当也必须包括准从业者和未来的从业者。学校实施的职业道德教育是系统的、有组织的教育教学行为，其教学内容一方面蕴藏于专业课程理论教学和相关材料之中，另一方面也蕴藏于专业技术技能的实践教育教学活动之中，目的在于培养学生知悉职业工作中的共同行为准则和规范，加强学生对职业及职业道德的理解和掌握，提高学生的职业道德意识和积极向上的职业态度。相对于广义的职业道德教育内容，学校实施的职业道德教育的对象是尚未进入职业工作状态的学生。学生们对职业工作状态还没有直接的感知。教师在面向学生开展职业道德教育时必须首先使学生能够理解职业工作的技术和流程，然后才能开展职业工作行为准则和规范教学活动。狭义的职业道德教育是学校通过营造特定、必要的职业工作的情景氛围，综合运用多种教学方式方法，利用教学设备和教具开展职业行为准则和规范教育教学活动。学校实施的职业道德教育以职业工作行为准则和规范为主要内容，辅以自身专业及其他职业工作典型事例、人物作为教学材料，强调在专业理论知识和专业实习实训等课堂教育教学活动中，在使学生掌握职业道德知识和技能的基础上，使其养成遵守职业道德规范、树立良好职业态度，进而培养学生正确的职业道德观和职业工作热情。学校实施的职业道德教育主要引导学生确立正确的职业道德，从而使学生能更好地适应未来的职业工作，帮助学生在未来的职业生涯中实现自我价值和贡献社会的双重目的。狭义的职业道德教育的内容带有十分明显的职业性。

二、职业道德教育的原则

（一）系统性原则

职业道德教育是一项系统工程，包含着职业道德的复杂因素和不可分割的工作流程。职业道德教育是一个具有内在逻辑和联系的整体，必须从整体上把握，决不能相互割裂或顾此失彼，片面、孤立地强调广义的职业道德教育或者狭义的职业道德教育，会导致整个社会职业道德教育的失败。从广义的职业道德教育方面来看，职业道德教育系统包括对教育主客体的分析和把握，对广义的职业道德教育目标的定位和设置，对广义的职业道德教育材料的选择与更新，对方法途径的使用和创新等等。这些因素和环节按照一定的逻辑组成了广义的职业道德教育，而这些因素和环节又受到生产力的提高、经济的进步、社会的发展、人的需要等因素的动态性影响。因此，发挥广义的职业道德教育体系作用，行使其在当下所应发挥的时代使命，必须坚持系统性原则，用整体的视角、动态地把握职业道德教育。从狭义的职业道德教育方面来看，学校实施的职业道德教育需要根据学段的培养目标，处理好职业道德教育与学业课程之间的逻辑关系，注意各学段职业道德教育间的衔接与配合，确定职业道德教育在不同学期学习的深度和广度，尤其是对新增加的职业道德教育的必要性要做评估，避免重复相同的职业道德教育教学活动。根据学校实施的职业道德教育的不同属性、规律等，运用知识迁移的方法，从主题、内容或问题等板块链接不同的职业道德教育，使学生在其中也能建立起职业道德教育的系统思维。从学生成长过程来看，学生的发展是一个不断变化发展的过程，而不同的学生具有个体差异。学校只有运用系统的方法才能在尊重个体差异的前提下，为学生提供合理的职业道德教育内容和方式，使不同的个体都能在自己原有的职业道德教育基础上逐步提高，才能做好各个学段的职业道德教育衔接工作。

职业道德教育本身就是一个长期的过程。在长时间内贯彻落实"立德树人"根本任务且可持续发展的框架下，职业道德教育才能发挥最佳效果。从人的思想道德形成的不稳定性以及意识形态领域斗争的复杂性来看，职业道德教育都有长期动态发展的必要性。因此职业道德教育体系的建设不是一件一蹴而就的事情。目前许多企事业单位将职业道德教育工作视为一项阶段性的活动或者是运动式的短期行为，有相当一部分职业道德教育不稳定，连续性差。为保障职业道德教育体系建设的井然有序，就要坚持职业道德教育的系统性原则，制定可行的长期教育计划，促使不同行业和单位按照自身所处的阶段有目标、有重点、有步骤地发展，制定出具体的、前后衔接一致的职业道德教育阶段目标，不能随意超越或人为揠苗助长，保证职业道德教育能够按照内在逻辑系统地开展。

（二）科学性原则

职业道德教育的科学性原则指向的是道德与职业的统一。职业道德教育的科学性即职业道德教育的客观真理性，指职业道德教育必须解释职业工作行为准则和规范的本质，理清职业道德的运动规律，以达到对职业道德的真理性认识和把握。职业道德教育构建的基础就是保证职业工作的共同行为准则和规范符合职业发展规律。只有科学性的职业道德教育实现了，职业道德教育教学活动的效果才能实现，也更能令人信服。反之，如果职业道德教育没有科学性，再好的职业道德教育教学活动也像空话、假话、套话。

职业性与道德性的结合是职业道德教育科学性的基础。职业性是职业道德教育活动中使从业人员、客户、供应商和社会公众广泛接受职业工作的行为准则和规范的实践活动。在这一含义中展现出了一对矛盾范畴，即从业人员所掌握的职业工作的行为准则和规范与用户、供应商和社会公众所理解的职业工作的行为准则和规范的矛盾。在这一对矛盾范畴中，职业性、道德性两个属性构成了职业道德教育最核心的框架。笼统来讲，两者都是职业道德教育的组成部分。职业道德教育的科学性原则要求职业工作行为准则和规范的职业性与道德性是同步的，是两个不可分割的部分。只有把职业性和道德性融入职业道德教育中，为职业工作增加价值判断，这样才能真正地体现职业道德教育的科学性。

自阶级社会发展以来，任何职业一旦出现，都会被深深地打上阶级的烙印。在任何阶级社会中，职业道德必然代表统治阶级的利益。在我国，职业道德就是以社会主义核心价值观为代表的凝聚最广泛人民的社会意识。社会主义核心价值观所宣扬的"富强、民主、文明、和谐、自由、平等、公正、法治、爱国、敬业、诚信、友善"是职业道德教育的基本内容。因此，职业道德教育中必须牢牢坚持科学性原则，使广大从业人员、潜在从业人员和未来从业人员以及社会公众掌握职业道德知识，树立崇高的理想信念，坚定中国特色社会主义道路自信、理论自信、制度自信、文化自信，通过职业工作为中华民族行大复兴中国梦添砖加瓦。

（三）适度超前原则

适度超前原则是指职业道德教育在职业道德领域具有先导性和超前性，一方面是指既有现存的关于职业道德教育等层面的规定，同时还有超越职业道德现有状态，并主动面向未来的职业道德；另一方面就是通过职业道德教育与引导，使受教育者自身也能产生自觉的、适度超前原则的力量。人类社会的职业道德积累的无限性，能够引领人们不断提高职业道德水平，在有限的生命中不断累积超越前代文明的职业道德成果。职业道德教育的适度超前原则就是在充分考虑已有的职业道德基础上，面对职业道德理想与职业道德行为准则的、现实的、个体的具体行为，基于规范职业未来工作行为的视角，提出符合职业道德未来趋势的新内容和新要求。

数字时代已经来临，各行各业加速数字化转型，许多新的行业、新的职业不断涌现。数千万人员在这些新形态岗位工作，社会各界急需开展与这些新的职业相适应的职业道德教育。因此，职业道德教育体系构建中，要源于现实又要高于现实，帮助受教育者树立正确的世界观、人生观、价值观，同时又能确立远大抱负和坚定理想信念，驱动受教育者不断超越现实，不断在职业工作中实现人生价值。适度超前原则要求职业道德教育既要尊重社会分工所需的职业工作行为准则和规范，又要以此为根据，充分考虑生产力进步即将需要的职业道德提升。任何职业道德都会受到社会和环境等客观因素的制约和限定，从而难以体现产业发展和职业工作进步即将需要的职业道德。适度超前原则一方面是指职业道德教育要与社会的经济、政治、文化等相适应，另一方面是指职业道德教育要适应和符合生产力推动的职业发展趋势。职业道德教育体系构建必须遵循适度超前原则，立足于生产力决定生产关系、社会存在决定社会意识等客观规律，充分考虑新职业的形成和发展规律，有针对性地组织和实施职业道德教育。

在21世纪世界各国的职业教育发展过程中，中国职业教育的进步最为迅速、涉及的人口规模最大。在这段时间里，中国经济社会的高速发展与数字时代的来临高度重合。[92]正是由于抓住了数字时代蓬勃兴起的机遇，中国职业教育的进步成为改变世界职业教育格局的力量。如果说中国职业教育在工业化过程中更多是学习与追赶西方发达国家，那么在数字时代已经逐渐走到了世界前列。职业教育变迁往往伴随着经济社会的创新。在数字时代，数字技术开启了人与人、人与物之间信息传递的新途径，从根本上改变了生产经营的模式和人们的交流方式：在生产经营领域，电商平台、在线医疗、无人超市、移动支付、远程办公、数字化工厂、柔性供应链等新业态层出不穷；在生活领域，手机等移动平台成为人们娱乐、乘车、购物必不可少的生活工具，即时通信、网络视频、短视频等层出不穷，甚至出现了元宇宙等虚实结合的社会环境。不可否认，数字技术已经深入生产经营和社会生活的每个角落，我们早已进入互联网数字时代。我国互联网网民规模从1997年的62万人增长至2024年的11.08亿人，互联网普及率升至78.6%。①数字革命必然推动职业教育产生根本性变迁。正如职业教育在工业革命中快速发展一样，数字革命也必然推动职业教育的另一次快速进步。

随着数字时代的到来，职业道德教育研究需要敏锐捕捉这一历史机遇，记录与描述数字革命时期职业道德教育变迁过程，深入细致地分析数字时代的职业道德教育变迁，不仅能带来对职业道德教育新的认识和理解，产生新的研究方法和理论概念；也可以评估和

---

① 中国互联网络信息中心（CNNIC）. 第55次《中国互联网络发展状况统计报告》. ［R/OL］.（2025-01-17）. https://cnnic.cn/n4/2025/0117/c88-11229.html .

反思数字技术对职业道德教育的正反面影响，推动其积极进步，进而推动职业道德教育的发展。可以看到，关于数字时代职业道德教育的研究，当前已经积累了一些实证经验研究的案例，也有方法上的拓展。但面对根本性的职业道德教育变迁，数字时代职业道德教育研究明显滞后，亟待形成系统学科的职业道德教育研究成果。

第三章

高职院校学生职业道德教育

职业教育是我国教育领域的重要类型。习近平总书记强调："在全面建设社会主义现代化国家新征程中，职业教育前途广阔、大有可为。"[156]职业教育作为国家教育体系的重要组成部分，肩负着培养高素质技术技能人才的重要使命。高职院校是我国实施高等职业教育的主要事业单位。数字技术推动各行各业深刻变革和产业升级的加速，为职业教育提供了广阔的发展空间和市场需求。高职院校学生职业道德教育的对象是高职院校学生。高职院校学生大多是尚未从事职业工作而从高职院校毕业后将要从事职业工作的青年。为了深入研究高职院校学生职业道德教育，我们有必要先分析高职院校及其学生。

第一节　高职院校学生职业道德教育的内涵

一、高职院校学生职业道德教育的对象

（一）高职院校

高职院校已经成为我国职业教育和高等教育的主力。目前，我国已经构建从中等职业教育到高等职业教育的现代职业教育体系。其中高等职业教育包括专科层次的高等职业教育和本科层次的高等职业教育。高职院校也包括专科层次的高职院校和本科层次的高职院校。根据教育部公布的全国高等学校名单，截至2024年6月20日全国高等职业院校共计1 611所（较2023年新增33所），其中：专科层次职业学校1 560所，本科层次职业学校51所。①2024年3月1日，教育部举行新闻发布会，介绍2023年全国教育事业发展基本情况，其中提到全国职业本科招生8.99万人，比上年增长17.82%；高职（专科）

---

① 根据中华人民共和国教育部发布的全国高等学校名单整理。

招生 555.07 万人，比上年增长 2.99%。^①不论学校数量还是招生数量，高职院校已经占据我国高等教育半壁江山。近年来，我国加快推进现代职业教育体系建设改革，构建产教深度融合的发展格局，引导和推动职业学校聚焦关键领域，积极融入区域经济社会发展，为推进新型工业化提供技能人才支撑。从新世纪开始，我国连续出台了《国家职业教育改革实施方案》《关于大力发展职业教育的决定》《关于实施国家示范性高等职业院校建设计划加快高等职业教育改革与发展的意见》《关于进一步推进"国家示范性高等职业院校建设计划"实施工作的通知》《高等职业教育创新发展行动计划（2015—2018 年）》等。2019 年 12 月 10 日，教育部、财政部公布《中国特色高水平高职学校和专业建设计划建设单位名单》，正式公布中国特色高水平高职学校和专业建设高校及建设专业名单，首批"双高计划"建设名单共计 197 所，其中高水平学校建设高校 56 所（A 档 10 所、B 档 20 所、C 档 26 所），高水平专业群建设高校 141 所（A 档 26 所、B 档 59 所、C 档 56 所）。^②2023 年 1 月 3 日，教育部发布"关于中国特色高水平高职学校和专业建设计划中期绩效评价结果的公示"，197 所建设单位中，160 所院校获得优，37 所院校获得良。高职院校已经成为我国高等教育和职业教育的主力。2023 年 4 月，财政部、教育部发布《关于下达 2023 年现代职业教育质量提升计划资金预算的通知》（以下简称"通知"）。其中明确，对中国特色高水平高职学校和专业建设计划建设单位，中央财政继续分类分档予以奖补支持。据悉，此次下达金额为 402 574 万元。^③"双高计划"聚焦产业发展、岗位集群和专业知识体

---

① 根据中华人民共和国教育部发布的 2023 年全国教育事业发展基本情况整理。
② 根据教育部发布的中国特色高水平高职学校和专业建设计划拟建单位公示名单统计。
③ 根据财政部、教育部印发的《关于下达 2023 年现代职业教育质量提升计划资金预算的通知》整理。

系的变化，组建了253个专业群，覆盖高职专业18个大类，在对接国家重大战略、助力产业升级经济高质量发展、加快构建现代职业教育体系等方面做到了有效衔接、高度对接，基本覆盖了各个重要产业领域。可见，国家对职业教育的重视程度不断提高，为职业教育的发展提供了有力的政策支持和资金保障。

（二）高职院校学生的属性

1.鲜明的职业属性

高职院校实施的是高等职业教育，具有鲜明的职业属性。这是高职院校学生相对于普通高校学生展现的特殊属性。高职院校学生大多数处在高中段毕业后、从事职业工作之前的状态，年龄大概在18岁—23岁。高职院校学生中也有少部分是从事了职业工作之后再来就读，或者从军后退伍再来就读。总的来看，高职院校学生是成年人。高等职业教育的培养目标决定了高职院校主要培训学生的技术技能。为此，高职院校给学生开设大量面向相关职业的技术技能课程和实践课程，重视校企合作、产教融合，把顶岗实习实训作为培养人才的重要手段。职业性渗透了高职院校培养人才的方方面面，包括课程设置、育人环境等，也包括职业道德教育。高职院校学生通过学校组织的各类课堂学习、实践训练和育人活动，学习未来从事职业工作的相关知识，训练未来从事职业工作的相关技术和培养未来从事职业工作的相关素质。学生在高职院校的学习、生活都处在为从事职业工作做准备的阶段。

许多行业的企业从高职院校毕业生中选得了优秀人才。这些企业通过加强校企合作一方面获得了学校的人才支持，另一方面企业也给予学校生产经营一线的技术、设备和兼职教师的支持。数字技术快速发展，持续且深入地影响着各行各业，一些产业的数字化转型和数字产业化实现了质的飞跃。在企业数字化转型屡创佳绩的同时，也涌现了一大批围绕数字化转型的服务业。这些企业都偏向于生产性服务类企业或生活性服务类企业。这一方面使得相关行业的研究开发工作日益复杂，对研究开发岗位工作人员技术水平要求更高，能够适应研究开发岗位的人员越来越少；另一方面使得相关行业一线技术技能服务工作岗位的要求越来越简单，越来越多的人能够胜任这些一线服务工作，而且岗位人才需求量越来越大。高职院校恰好培养各行业数字化转型的一线技术技能服务人才。这正契合了行业企业数字化转型的现实需要，促成了我国高职院校紧扣数字化转型培养技术技能人才。因此，高职院校学生把学习一线技术技能服务岗位作为未来就业的主要领域。我国许多高职院校为把学生培养成为能奋战在一线的技术技能型人才做了大量课程开发、实训项目建设、产教融合平台搭建等工作。高职院校学生学习的重点都是生产经营中使用的技术和设备，无论面对各种机器设备，还是服务操作规程，都可以快速上手操作。产教融合、阶段实习贯穿于高职院校学生整个学习过程，学习过程重实操、重技术。到现在，无论是工业互联网设施维护，还是智能客户机器人和智慧物流设备运用，高职院校学生已经成为一线生产经营数字化服务岗位的主力军。鲜明的职业性是高职院校学生区别于普通高校学生的重要特征。

2.突出的高等教育属性

高职院校学生接受的高等职业教育的另一个特点是其属于高等教育的范畴。这是高职院校学生相对于中等职业教育学校学生表现出来的教育属性。作为高等教育的一部分，高职院校实施的高等职业教育决定了高职院校学生不仅能够解决浅层的技术技能问题，而且能够解决深层次的技术技能问题；不仅能够解决现在职业工作中面临的问题，而且应该能够解决未来职业工作中面临的问题。高等职业教育比普通高等教育更倾向于实际职业工作技术技能，突出实践教学的主体地位，强调学生在学校求学期间主要以未来从事某种职业或职业群必须具备的专业知识、素质和技术技能为教学内容。高等职业教育强调所培养的人才掌握某一职业或职业群技术的基本理论，以适应职业工作技术不断发展的需要。高等职业教育培养学生不仅解决当前某一特定领域职业工作技术技能问题，而且着眼于解决未来动态变化的职业工作技术技能新问题。这有别于中职教育只针对当前某些具体职业岗位技术工作的情况。高等职业教育比中等职业教育适应职业工作的空间范围更大、时间更长。

高职院校学生的培养是否面向未来职业工作，是关乎学生就业及社会稳定的大事。目前经济的增长速度较之改革开放之初趋于放缓，各行各业正面临数字技术推动的产业升级，人才需求发生结构性变化，对高端技术技能人才需求增长，而对一般操作技术人员需求量减少。随着连年扩招，高职院校学生数量持续递增，最后都将转入就业大军，就业竞争日趋激烈。为此，高职院校学生培养应该充分考虑产业升级带来的职业工作环境的变化。在数字技术快速发展，产业升级转型加快的数字时代，高职院校更加应该着重培养学生具备未来职业工作所需要的专业知识、技术技能和职业道德修养。高职院校学生未来从事的工作岗位主要是数字化转型过程之中或者之后的工作岗位，必须具备应对数字时代快速升级工作技术路径、业务处理流程等的能力。例如，智能客户服务管理岗位对高职院校毕业生提出了在数字化环境下设计、维护和运行客户服务机器的工作要求。为了完成这些工作，高职院校在培养学生的过程中必须充分考虑三年后学生毕业工作时面临的数字化环境，甚至还要考虑学生毕业后1～3年职业发展过程中面临的数字化工作环境。高职院校学生为了适应未来技术技能工作岗位的要求，快速融入数字化的工作环境之中，掌握先进的产业技术，就必须在日常学习中注重掌握能够适应动态变化的数字化岗位工作所要求的高端知识和技术技能。高职院校学生不但要掌握与未来职业工作岗位相符合的专业知识和实践技能，还要提升个人素质，包括相关岗位的职业道德、职业操守、行业规范等。高职院校的高等教育属性决定了着重培养学生从事未来职业工作所需专业知识、技术技能和职业道德。如果高职院校学生培养只强调当前职业工作相关专业知识、技术技能和职业道德，而忽视了未来职业工作相关专业知识、技术技能和职业道德，那么学生在学校完成知识形成、技能养成的过程中就会缺少对本职工作未来变化的充分认识，从而影响其未来在工作岗位上的预见性和工作成效。

二、高职院校学生职业道德教育的内涵

（一）高职院校学生职业道德教育的含义

高职院校学生职业道德教育则主要指高职院校面向在校学生实施的职业道德教育，包括高职院校根据人才培养方案有目的、有计划、有组织、系统地通过课堂教学等途径向学生传授未来职业工作相关行为准则和规范的育人活动。职业道德教育贯穿于高职院校培养学生的课堂专业知识学习、实践育人活动和社团活动等方方面面。从高职院校人才职业能力培养来看，职业道德教育与专业技术技能教学两者互为条件，不可分割，缺少了其中一部分，都将导致学生在未来职业工作中面临困难。如果高职院校学生缺乏相应的职业道德教育，学生毕业后从事相关专业工作极有可能为追求效益和效率而偏离职业工作的行为准则和规范。高职院校学生在相关专业的从业证书、资格证书、技术证书等培训和考试中，往往也包含着对相关专业和岗位职业道德的测试。高职院校学生在实训基地、合作企业实习实训的过程中也包含大量职业道德的实践教学，使学生在技术技能实训的过程中深刻体会职业道德对职业工作的巨大作用。高职院校通过校企合作、产教融

合等方式为学生职业道德教育提供了实践机会。通过实践教学开展职业道德教育是高职院校学生与普通高校学生职业道德教育的重要区别。

高职院校学生职业道德教育的实施主体是高职院校及其教学团队的成员，包括专业课程的教师、实践育人的教师、实验员、辅导员、教学管理人员等等。高职院校学生职业道德教育的对象是高职院校在校学生。由于高职院校也开展技术技能培训等社会服务，所以高职院校在校学生也包括参加培训的学员。高职院校学生职业道德教育的客体是职业道德教育的各类具体教育教学活动，既包含校内课堂教学活动、实践育人活动和社团活动，也包括校外顶岗实习、实操训练和见习锻炼等等。高职院校学生职业道德教育的内容则主要是学生未来职业工作的行为准则和规范，既包括职业理想信念、职业精神等整体层面的职业道德，也包括具体工作行为准则、规范等专业类别层面的职业道德。高职院校学生职业道德教育的实施主体、对象、客体和内容构成了完整的职业道德教育关系。高职院校学生职业道德教育结构如图3-1所示。

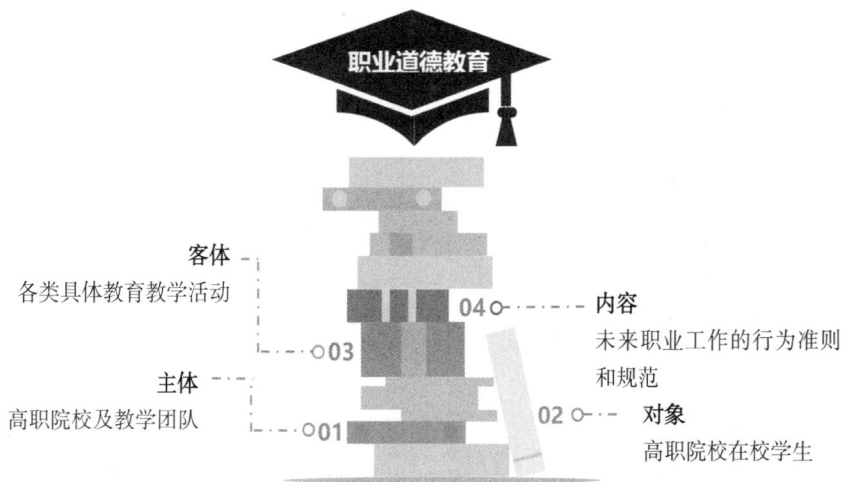

职业道德教育

客体
各类具体教育教学活动
03

主体
高职院校及教学团队
01

04 内容
未来职业工作的行为准则
和规范

02 对象
高职院校在校学生

图3-1　高职院校学生职业道德教育结构

（二）高职院校学生职业道德教育的特点

1.理想信念育德

高职院校学生职业道德教育的目标是培养学生遵守未来职业工作中的行为准则和规范。高职院校培养学生要契合我国教育的方针，使学生成为德、智、体、美、劳全面发展的人才，把学生培养成为社会主义建设者和接班人。高职院校必须以社会主义和共产主义理想信念教育引领学生职业道德教育。坚定的理想信念源于对科学理论的笃信笃行。习近平新时代中国特色社会主义思想，是引领中国、影响世界的当代中国马克思主义、21世纪马克思主义。高职院校通过思想政治课、课程思政等构筑了培育学生社会主义和共产主义理想信念的体系。高职院校在对学生开展理想信念教育过程中引导学生树立远大目标，从而使学生在未来的职业生涯中以社会整体进步的视角对待具体的工作，摆脱狭隘的个人主义，更好地重视职业工作行为准则和规范。崇高的理想信念能够促使学生克服各种困难，努力成长为实现中华民族伟大复兴需要的人才。可见，高职院校面向学生开展的理想信念教育对学生职业道德教育有着十分重要的作用。

高职院校学生职业道德教育能促使青年学生旗帜鲜明地反对拜金主义、享乐主义、极端个人主义和历史虚无主义，学生职业道德教育过程中批判错误的思想观念、道德观念，从而树立社会主义和共产主义的理想信念。在高职院校学生职业道德教育教学活动中加强理想信念教育，不仅能够引导学生在学校练就高超的职业技能，也能够促使学生在加强道德修养的过程中坚定理想信念，在理想信念教育中升华职业道德，在德技兼修的过程中达到德才兼备的状态。理想信念教育决定了高职院校学生职业道德教育能够达到的高度。

2.实践教学育德

大量的、系统的实践教学是高职院校教育教学的重要特色。高职院校的实践教学是最为贴近职业工作场景的教学活动。许多高职院校为了提高实践教学质量，不仅在校内建设了高度仿真的实训教学设备设施，而且通过产教融合、校企合作在行业企业建设了配备真实工作场景的实践教学基地。实践活动一方面是高职院校学生养成职业道德的重要方式，另一方面也是高职院校学生检验职业道德的重要途径。在系统的实践教学活动中，高职院校学生可以由浅到深渐次体会职业道德在职业工作中的重要作用。

高等职业教育的职业属性决定了高职院校学生的职业道德教育必须包含在实践教育教学活动之中。高等职业教育属于高等教育范畴，人才培育目标是面向某一特定职业或职业群培养高端技术技能型人才。高等职业教育培养的人才是高端科技成果向企业现实生产经营能力转化过程中的关键技术技能人才。高端科技成果必须经过实践成为生产经营的设备设施和操作标准流程，才能在企业具体生产经营中广泛使用。高职院校学生未来职业工作的重要内容之一就是应用、改进和完善这些高端科技成果。离开了实践教学活动，高等职业教育培养的学生很难掌握应用、改进和完善这些高端科技成果的实践途径，从而导致科技成果转化为企业生产经营能力的周期会大大延长，影响科技对经济发展和社会进步的贡献。高职院校不但注重在课堂教学活动中培养学生的职业道德，更强调在实践教学中培养学生的职业道德。在实践教学活动中，高职院校学生能够尝试从不同角度遵守职业道德给职业工作带来的积极作用，也可以从不同角度观察违反职业道德给职业工作带来的消极作用。在这个过程中，学生检验了职业道德的作用，深刻体会了职业道德对职业工作的重要影响，从而把实践教学活动中领悟的职业道德内化为自身的道德修养。因此，实践教学活动在高职院校学生职业道德教育、促进学生全面发展方面也占据着重要的基础性地位。实践教学活动决定了高职院校学生职业道德教育能够达到的深度。高职院校学生职业道德教育的特点如图3-2所示。

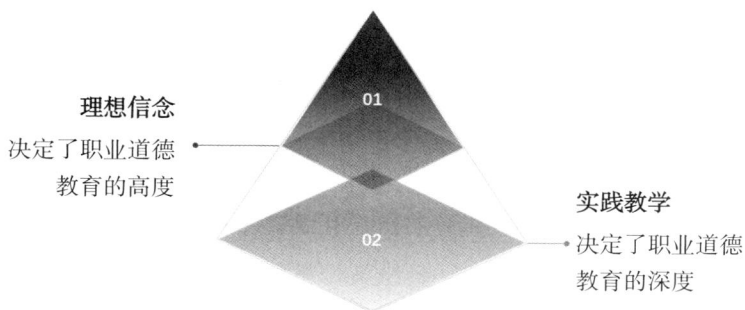

理想信念
决定了职业道德
教育的高度

实践教学
决定了职业道德
教育的深度

图3-2 高职院校学生职业道德教育的特点

我国高职院校学生职业道德教育是理想信念教育与实践教学活动的统一，既突出高职院校学生职业道德教育必须体现社会主义和共产主义理想信念，也强调高职院校学生职业道德教育必须符合具体的职业工作准则和规范。理想信念教育与实践教学活动的统一就是要让高职院校学生从社会进步和发展角度清楚地知道自己要干什么，能够热爱具体的职业工作，在职业工作中不断尝试创新、勇于奉献。高职院校通过系统的学生职业道德教育能够让学生们充分消化、吸收职业工作行为准则和规范。

第二节 高职院校学生职业道德教育面临的问题

一、高职院校学生职业道德教育与课程教学的脱节

（一）人才培养方案对学生职业道德教育的软化

高职院校人才培养方案根据地方经济发展情况设置专业课程体系。专业人才培养方案在专业人才培养过程中处于统领地位，是对专业人才培养各类课程和育人过程的总体设计。各门课程是具体的教学

科目，是构成专业人才培养体系的基本要素。各门课程在专业人才培养体系上有着不同的目标、地位、比重。这些课程共同汇聚在一起形成专业人才培养体系设计的各项功能，实现专业人才培养目标。专业人才培养方案与各类课程统御与支柱的关系表现为：专业人才培养目标统领各门课程教育教学目标，各门课程汇聚教师、教材并围绕人才培养目标实施教育教活动，在实现课程教学目标的同时完成了专业人才培养目标。高职院校学生通过学校人才培养方案的各门课程就能具备相关知识、技能和素质，为未来的职业工作做好准备。因此，学生职业道德教育应从专业人才培养方案到各门专业课程都一以贯之，学生职业道德教育的目标、内容、方法、路径应体现在专业人才培养方案设定的各门课程教学之中。

然而，当前高校各专业从人才培养方案到专业基础课、主干课、方向课、拓展课等都以知识传授和能力培养作为教学目标，而弱化了职业道德这一目标。高职院校学生职业道德教育必须建立在人才培养方案涉及的相关课程之上，在各个课程的知识、技能传授过程中开展职业道德教育。这要求教师深刻把握课程知识、能力和职业道德三者之间的关系，职业道德教育要在知识传授、能力培养的基础上进行相关职业工作的行为准则和规范的教育。如果只讲职业道德而不讲知识传授和能力培养，那么职业道德教育就丢失了可依托的技术和技能基石，就如同盖房子不盖第一层和第二层，直接盖第三层，盖成"空中楼阁"。如果只讲知识传授和能力培养，而忽视了职业道德教育，最终导致专业课、综合素养课（通识课）、思想政治理论课中缺乏职业道德教育的内容，出现专业课程的职业道德教育温度不够、综合素养课（通识课）的职业道德教育深度不够、思想政治理论课对职业道德教育引领泛化等现象。从人才培养的整体来看，只有干瘪的职业道德知识，却无专业知识、技能和思政，也无法满足社会和市场的人才需求。职业道德教育必须通过专业课程的知识学习和技术实践才能落地到具体的职业技术工作，职业道德教育必须经过综合素养课（通识课）丰富的知识教学才能有血有肉地呈现职业道德蕴含的社会意识，职业道德教育必须经过思想政治课程教学才能达到理想信念、"四个自学"、家国情怀的层面。职业道德教育往往要辅之以大量背景专业技术材料、综合素质材料和思政课程材料配合开展才能取得良好的效果，在进行知识和技术技能传授时需要挖掘一些职业道德素材，例如文学家、科学家的生平和操守等都是各类课程职业道德教育教学中的必要因素，可以用以增加课程教学的吸引力，在课程教学中进行职业道德教育。

（二）各类课程教学对学生职业道德教育的弱化

职业教育是面向就业的教育。高职院校是实施职业教育的主要主体之一。高职院校的职能之一是人才培养。学生经过高考选拔方式，进入高职院校学习专业知识和技术技能、提高综合素质，为毕业后进入社会、成为满足市场中各种职业和岗位要求的人才而做准备。高职院校各类专业人才培养的具体要求不尽相同，但总的目标却是一样的，即"社会主义教育，必须培养全面发展的人，或者说社会主义教育必须通过德育、智育、体育、美育，培养全面发展的人"[157]。《中国教育现代化2035》中明确发展中国特色世界先进水平的优质教育，要"全面落实立德树人根本任务，广泛开展理想信念教育，厚植爱国主义情怀，加强品德修养，增长知识见识，培养奋斗精神，不断提高学生思想水平、政治觉悟、道德品质、文化素养。"①根据学生的自由全面发展这一总目标，高职院校各专业设计人才培养方案及培养规格，开设各类专业课程，同时按照国家与社会的要求开设思想政治理

---

① 新华社.中共中央、国务院印发《中国教育现代化2035》[N].人民日报，2019-02-24（1）.

论课和综合素养课（通识课），从而形成专业教育教学。

从课程设置来看，专业课、思想政治理论课和综合素养课（通识课）三类课程同向同行，均以"立德树人"为己任，能够形成学生职业道德教育覆盖全课程的格局：首先，思想政治理论课程以马克思主义为指导，引导学生树立四个正确认识，树立好四个自信，为其终身发展打好底色，也为学生职业道德教育奠定思想政治基础。其次，综合素养课（通识课）融通文理，给学生以思想的启迪、心灵的共振，在提高综合素养的过程中开展价值引领，给学生职业道德教育注入广阔的文理知识。最后，专业课程着重培训学生未来职业发展所需的知识和技术技能，也要将本专业的职业精神、职业理想和社会责任等传授给学生，培育学生追求真理，增强科学精神和工匠精神。然而，在高职院校职业道德教育教学实践中，各类课程的学生职业道德教育工作呈现出泾渭分明的格局，也就是专业课负责智育，即专业知识和技能的培育工作，思想政治理论课负责第一课堂中的思想政治教育工作，综合素养课（通识课）则是负责体育、美育等方向的通识类教育工作。各课程之间看似各司其职，却又壁垒分明，难以实现各类课程协同开展学生职业道德教育的整体效果。

造成这一现象的主要原因是各类课程对学生职业道德教育的作用认识不足，将学生职业道德教育当作思想政治理论课或者辅导员主导的第二课堂育人教育活动的任务。只有充分发挥专业课、思想政治理论课和综合素养课（通识课）三类课程在学生职业道德教育中的协同作用，才能彰显这些课程应承担的育人责任和职业教育使命。多年来，高职院校的课程教学改革重视实践教学，在双师型团队、产教融合机制、实践教学方式方法和课程数字化建设等方面有了较大的提升，取得了显著的成效，但同时也逐渐形成一种观念，即课程的重点是实践教学，而弱化了学生职业道德教育。这种错误的观念和模糊的认识导致"课堂是教书育人的主渠道"这一理念被忽略，或者说被折半理解，只认可"课堂是教书的主渠道"，却忘记了"课堂同样也是育人的主渠道"。[158] 除了生活和实践之外，高职院校学生大部分时间都是在各类课堂教学活动之中，课堂中教师对学生施加的影响是潜移默化而又非常深远的。因此，要实现三类课程在学生职业道德教育上协同的格局，必须充分运用好专业课、综合素养课（通识课）和思想政治理论课的职业道德教育内容。这要求教师精心仔细地开展课程教学，多从追求真理的科学精神、求真务实的工匠精神、爱岗敬业的职业精神、推动社会进步的责任意识等方面切入职业道德教育，注重学生在教学过程中对职业道德的感受和接受度。

（三）课程之间面向学生职业道德教育协同偏少

高职院校是实施面向就业的职业教育，人才培养必然包括了某类专业的技术技能。高职院校的课程建设包含知识、素质和技能等育人目标，也包括职业道德教育这一核心目标。这要求高职院校课程教学过程中注重课程之间的职业道德教育协同，要避免本末倒置造成的知识、素质和能力教育同职业道德教育之间的割裂。

课程之间职业道德教育协同是指这一课程的知识传授、能力培养和价值引领在职业道德教育上的协同。知识传授、能力培养和价值引领是专业人才培养过程中专业课、思想政治理论课和综合素养课（通识课）三类课程的功能。首先，职业道德教育必须在专业人才培养方案中体现，并贯穿于各门课程。如果职业道德教育仅体现在专业人才培养方案当中，各门课程各行其道，就会出现专业人才培养方案与课程实施"两张皮"的现象，那专业人才培养方案就会空有其表。其次，职业道德教育在知识传授、能力培养和价值引领之间也应该是贯通的。知识传授是基础，通过课程学习，教师将专业的理论知识传授给学生，学生在习得知识的过程中掌握职业道德才是完整的知识教学过程。知识具有奠基作用，但并非全部。如果人才培养只是以知识传授为出发点和根本目的，而忽视了职业道德教育，那高职院校课程教学工作就出现了偏差。如果培养出的人才知识水平很高，而其职业道德水平越低，那么对社会发展的阻碍、破坏就越大。

知识传授是能力培养和价值引领的前提，也是职业道德教育的基础；能力培养是知识转化的体现，也是职业道德教育的表现；价值引领是知识内化的提升，也是职业道德教育的提升。能力培养是根本，是学生将课程所学理论知识运用于实践并分析问题和解决问题的过程，而职业道德教育则要求学生采取符合社会意识的方式分析问题和解决问题。只有知识没有能力，没有职业道德教育的指引，学生所学的知识也就无法切实地运用到具体工作实践之中，知识也就成为空谈。空谈误国、实干兴邦，专业人才的培养必须致力于学生各项技术和技能的培养，而职业道德教育则是确保学生以道德方式运用技术技能的前提。价值引领是核心，思想是行为的先导，职业道德是职业工作的行为准则。如果思想上出了问题，职业工作行为必然会出现偏差，职业道德必然脱轨。价值引领决定着职业道德教育的最终归属问题，决定了职业道德教育为谁服务，决定着高职院校为谁培养人才的核心问题。

（四）两种育人活动对学生职业道德教育的虚化

从育人的角度来看，高职院校的育人活动除课程教学之外还包括专业实践育人活动和学生社团活动。高职院校组织的课程教学往往限于课堂的教学活动，但广义上来说，第一课堂的教学活动还未完成真正的育人使命，专业人才培养通过课堂、专业实践育人活动和学生社团活动的相互协同和配合，才能实现高职教育从知到行的全过程育人。课堂是各门课程实施的阵地和渠道，其中教师组织的教学活动主要是在课堂完成。专业实践育人活动是高职院校在专业人才培养中设置各类课外专业实践育人活动，包括校内各种技术服务、专业劳动等专业实践育人活动，也包括学生在校外的各种顶岗实习实训等专业实践育人活动。随着互联网的发展，网络也成为高职院校许多学生的专业实践育人活动空间。当今大学生可以说是在网络中成长的一代，网络不仅成为他们学习知识的重要途径，也是他们开展专业实践育人活动的重要空间，是他们建立和调整职业道德教育的重要专业实践育人活动场所。学生社团活动是高职院校育人的重要途径。高职院校在课堂教学和专业实践育人活动之外通过开设各类丰富多彩的专业技能训练社团、文化社团、体育社团等引导学生成为德智体美劳全面发展的社会主义接班人。

课堂教学、专业实践育人活动和学生社团活动的功能和作用各有侧重。课堂教学主要是专业知识、技能和价值引领的教学，教师将专业知识、技能和素质传授给学生。学生进入相关行业的基本条件就是掌握课堂教学中的知识、技能和素质，课堂教学同时也有价值引领和职业道德教育的作用。专业实践育人活动主要是各类实践锻炼，是学生将课堂学习成果转化为专业能力的必要环节，同时发挥价值引领和职业道德教育的功能；学生社团活动则是全面铺展的方式，学生可以在社团中学习到各类专业、文化和体育知识，也习得一些操作能力，同时也会因同学交往而影响其价值判断。学生社团活动必须由教师参与分析判断才能发挥职业道德教育和价值引领的作用。课堂教学、专业实践育人活动和学生社团活动相互补充，缺一不可，既需要课堂教学的主阵地培育职业道德，又需要专业实践育人活动丰富职业道德教育，也需要第三课堂作为职业道德教育的有力补充。这样高职院校才能针对学生的各类情况构建起既具有职业工作行为准则和规范的系统，又具有个人丰富色彩的职业道德教育体系。高职院校学生职业道德教育必须覆盖学生接受教育的课堂教学、专业实践育人活动和学生社团活动等三大阵地，努力实现课堂教学、专业实践育人活动和学生社团活动在学生职业道德教育过程中相互支撑。

当下高职院校课堂教学、专业实践育人活动和学生社团活动并没有实现真正的互相贯通、互相支撑。课堂教学以专业教师为主导、以知识灌输为主，专业实践育人活动多以党团组织、以辅导员为主导、以实践活动为主，学生社团活动多以各类学生自主兴趣为主导。课堂教学、专业实践育人活动和学生社团活动三方教学不可谓不生动、活动不可谓不多样、形式不可谓不新颖，却出现了各自为政、相互割裂的现象。课堂教学中学生学习到的专业知识在专业实践育人活动中往往没有加以运用和实践，难以贯彻职业道德教育的延伸作用；学生社团活动也没有呈现专业指导，不能及时呼应课堂教学所学知识、技能和价值引领，缺乏对学生职业道德教育的引导。专业实践育人活动的各类社会实践、志愿服务的出发点还比较浅层和宽泛，无法将学生课堂教学所学职业道德转化为实践行动，专业实践育人活动不够有针对性，难以检验课堂教学中学习的职业道德知识，也无法辨别学生社团活动中各种各样的问题和声音对学生职业道德教育的影响。学生社团活动中出现的多元价值力量的角逐给学生造成的职业道德困扰，往往在课堂听不到解释，在专业实践育人活动中得不到回答和检验。

（五）跨部门的学生职业道德教育资源利用率低

职业道德教育的资源的开发与使用是高职院校职业道德教育实施的重要保障，是开展职业道德教育的要素和载体。高职院校各类专业的职业道德教育的资源十分广泛而丰富，既包括本专业相关职业的职业道德教育资源，也包括其他专业职业道德教育资源，还包括社会道德模范人物、事迹等职业道德教育资源。职业道德教育资源的使用取决于课程的需要、主体的挖掘以及学生的接受度，归根到底是掌握在高职院校和教师手中的。高职院校和教师掌握着何种职业道德教育资源，为学生提供何种职业道德教育资源，决定着职业道德教育资源的呈现方式和职业道德教育过程。

当前，高职院校职业道德教育的资源被禁锢在不同的教学管理部门中，无法形成有效的协同。任课教师最了解专业人才培养及其课程，也相应掌握着一部分跟课程非常相关的职业道德教育资源。例如，财经类专业的教师会为学生提供一些参观货币博物馆或者带队考察的职业道德教育资源；包括辅导员、团委在内的学工团队则掌握着大量的学生实践资源，例如校内各个实践平台、校外各个场馆的志愿服务，而且非常熟悉各类实践活动的操作流程，是在专业实践育人活动中实现职业道德教育功能的重要保证；学院、学校则掌握着一些媒体资源、对外资源等等，拥有比较强的话语权和关系资源，能为职业道德教育提供更高的平台。但是，高职院校各类教学管理部门所掌握的资源是不互通的，自说自话开展各种活动，导致各方职业道德教育效果都非常有限。例如，近年来，众多高职院校团委同各地县镇村共同举办的暑期的"三下乡"活动。"三下乡"活动初衷非常好：从大学生方面看，参加下乡所在地的村社、学校、工厂、企事业单位的各类实践活动，学生能够锻炼组织能力、表达能力、管理能力、宣传能力等，是学生未来从事职业工作的初步探索；从家长方面看，能在寒暑假将孩子送至下乡所在地的村社、学校、工厂、企事业单位进行学习和实践，也能培养学生独立活动的能力。如果这些高职院校学生在"三下乡"活动之前仅通过简单的招募而没有经过专业教师培训相关技能和开展职业道德教育，那么"三下乡"活动对大学生来说只是一次实践锻炼体验，但失去了把专业技能和职业道德放在具体实践工作中检验和内化的宝贵机会。其实，"三下乡"活动的村社、学校、工厂、企事业单位是非常好的职业道德教育资源。如果由高职院校学生将自己所学的专业技术技能、职业道德知识等从课堂延伸到专业实践育人活动，那么学生从课堂中学到的教育知识、技能就不需要等到毕业前的专业顶岗实习再去实践，更不用等到工作面试的时候再去领会职业道德，学生就能取得先发优势。因此，将课堂教学、专业实践育人活动纳入到职业道德教育的框架中来，让学生们在教师的指导下开展专业实践育人、总结经验，同时对其进行职业的责任感、使命感教育，这样才能实现职业道德教育资源最大化的利用。

高职院校存在职业道德教育资源重复浪费，无法实现有效利用的情况。职业道德教育的资源是非常广泛而丰富的，但抓取职业道德教育资源又十分困难且有技术含量。何种职业道德教育资源可以用于课堂教学？这些职业道德教育资源库可以挖掘到什么程度？同一种职业道德教育资源用于不同的课程要如何开展？这些都是高职院校充分、高效率使用职业道德教育资源要面临的问题。当前，职业道德教育资源存在着重复使用的问题，造成了职业道德教育资源建设的浪费和使用的低效。例如，高职院校对学生开展理想信念方面的职业道德教育，广州的中共三大会址纪念馆是职业道德教育资源中非常著名且有说服力的。广州的许多高职院校专业实践育人活动都将中共三大会址纪念馆作为育人的重要场所，由教师带领学生参观。中共三大会址纪念馆也是思想政治理论课、党校团校学习培训活动经常参观的场馆。这种情形下，学生有可能会多次参观广州的中共三大会址纪念馆，会造成职业道德教育资源的重复和浪费。再例如，有很多教师在课堂教学中希望运用辩论赛的方式开展教学活动，期望学生能通过辩论赛对职业工作中出现的热点问题进行深入的思考和讨论，而团委、学生会往往每年都会举办常规的辩论赛。这种情况下，学生可能会参加多次辩论赛，高职院校课堂教学、专业实践育人活动和学生社团活动在特定学生群体和活动上产生重叠和交叉的冲突。任课教师对专业技术技能中包含的职业道德教育辩论主题和内容有着精准的把握，但对于辩论赛的规则、技巧等都不是非常熟悉。团委、学生会等组织通常非常熟悉辩论赛的规则和技巧，但不熟悉专业技术技能中包含的职业道德教育辩论主题和内容。如果任课教师与团委、学生会将职业道德教育相关辩论的时间和人员等资源进行联合，由团委进行辩论的规则、技巧的培训，而由任课教师对职业道德教育相关辩论主题和辩论内容进行指导，那就会形成职业道德教育资源的有效利用的途径，丰富高职院校学生接受职业道德教育教学的形式。高职院校学生职业道德教育与课程教学的脱节如图3-3所示。

人才培养方案对学生职业道德教育的软化

专业实践育人活动和学生社团活动对学生职业道德教育的虚化

各类课程教学对学生职业道德教育的弱化

跨部门的学生职业道德教育资源利用率低

课程之间面向学生职业道德教育协同偏少

高职院校学生职业道德教育与课程教学的脱节

图3-3　高职院校学生职业道德教育与课程教学的脱节

二、高职院校学生职业道德教育与职业发展的脱节

（一）学生职业道德教育落后于传统职业的数字化

数字技术快速而广泛的应用带来了新的社会分工，给职业工作和劳动者本身带来强烈冲击。随着人工智能、移动互联网、云计算、大数据、区块链等数字技术引领新一轮科技革命和产业变革，产业数字化和数字产业化已成为发展速度最快、创新动力最强、辐射范围最

广、影响力最大的经济活动领域，发挥着驱动经济增长、推动职业发展、促进就业增长、提高人们生产水平的重要作用。从数字产业化角度看，数字技术快速进步，推动数字技术应用需求量大幅度增长，数字技术相关产业快速发展，催生了许多新的职业岗位，形成了旺盛的劳动力需求；从产业数字化角度看，自动化、人工智能等数字技术深度渗透传统实体经济和传统行业的职业工作，大量传统职业岗位快速向数字化转型，提供大量就业机会。

数字技术变革对制造业和农业等产业的劳动力就业影响巨大，极大减少了对生产经营一线工人的劳动力需求。同时，数字技术进步还会加速生产性服务业和生活性服务业领域对劳动力的需求，服务业能够吸纳大量中、低技能劳动力。数字基础设施建设能为不同受教育水平和就业岗位的劳动力创造广阔就业空间，但相比于低学历劳动力，其对高学历劳动力的就业创造效应更显著；相比于财务岗位、销售岗位、其他岗位特别是生产岗位，其对与数字技术密切相关的技术岗位的就业创造效应更显著。因此，要加强数字基础设施建设，增强就业创造效应。[159] 从职业工作人数总量来看，数字技术的发展最终将加速劳动力从第一、第二产业向第三产业转移。从职业工作种类来看，平台经济组织催生了新形态就业，灵活用工等方式成为许多行业的主要职业工作形式，形成了许多新的职业种类，推动职业道德超前发展。

（二）学生职业道德教育滞后于新形态职业的发展

数字技术的快速发展催生了许多新业态、新商业模式，创造了直播带货、自媒体视频、在线咨询师、文案写手等新的就业形态。岗位数字化提升增加了平均薪资水平，使得女性、老年人、低教育水平者、农村居民等弱势群体有机会平等地享受薪资溢价，并对提升基础权益保障、工作灵活性、工作满意度具有积极作用。[160] 依托数字技术，在新就业形态下，从业人员可以按自身兴趣和能力从互联网上获得灵活的职业工作机会，自主选择做什么样的工作，同时也可以灵活选择在何时何地完成职业工作。这些灵活的工作机会，有助于劳动者更好地平衡家庭与职业工作，增加职业发展机会，提高个人生活满意度，改善了整体职业工作环境。同时，我们也需要注意到新的就业形态一方面创造了大量就业机会，另一方面也造成了用工方式的变革，推动现行的政策法规、社会保障、人员培训和职业道德等发生巨大的变革。数字技术变革驱动的社会分工变革对职业道德和职业道德教育的影响将十分激烈、深化和长久。

在数字时代，平台经济组织成为新的就业载体，电商平台、出行平台、直播平台、游戏平台、短视频平台、外卖平台等各类平台蓬勃发展。平台是由人工智能、算法、大算力、大数据等数字技术体系搭建的一种全新的经营组织。平台通过集成海量数据来连接生产者和消费者，极大地提升了匹配市场供需的效率，极大地扩展了人、财、物等各种资源的配置范围，降低了交易成本，加快了市场交易频率。巨大的劳动需求量和精准的用工匹配效率，使平台成为吸引大量劳动力的重要"蓄水池"。与传统工业和商业企业等用工单位相比，平台经济创造了弹性、灵活、多样的工作方式。在传统的工商企业生产经营活动中，企业雇佣劳动者、配备固定生产资料及稳定的生产场所，劳动者围绕生产线或经营流程开展企业内部的工作协作。在传统工业和商业企业中，劳动者开展的工作依赖于企业严格的管理制度，劳动者的工作时间和工作地点较为固定。平台经济打破了工商企业中全职雇佣、固定时间和地点的工作方式，允许劳动者以灵活、弹性、多样的工作时间、地点参与平台经济活动。人们可以选择在哪个时间段工作、在哪里工作、为哪个平台工作。一方面，数字技术打破了传统社会化大生产条件下机器和分工对物理工作空间的限制，劳动者可以更灵活地选择工作时间和场所。[161]借助数字技术，许多企业和机构采取了远程办公方式，借助在线会议、远程办公软件等数字化生产工具，从业者可以自主支配工作时间和地点，可以在家、咖啡屋、图书馆等远离雇主办公室的位置开展工作。另一方面，在平台经济模式下，人们还可以实现同时兼职多份工作，而非单一的专职工作。例如，人们可以在业余时间兼职开网约车，可以在数字平台上接受任务参与产品开发和生产，还可以在闲余时间通过知识分享或专业知识解答成为自媒体人。

新就业形态是指劳动者与平台企业构成非雇佣劳动关系的灵活用工。这使得劳动者与平台企业之间的劳动关系由传统"雇主+雇员"的工作模式转变为"平台+个人"的新工作模式。劳动者开展工作的时间和空间更灵活，工作方式更加富有弹性。2021年8月，国务院印发的《"十四五"就业促进规划》中进一步提出，要促进平台经济等新业态、新模式规范健康发展，带动更多劳动者依托平台就业创业。[162]新就业形态的技术条件是数字技术的进步。数字技术的进步一方面可以通过构建复杂的软件系统开展海量数据收集、计算分析，大量地、精准地、快速地匹配用工的供需双方；另一方面可以构建简单易用的数字工具使新就业形态人员只需要掌握简单的数字技能就可以借助平台经济组织迅速找到合适的工作，如外卖配送、快递配送、直播带货等工作。

新就业形态的经济条件是数字技术发展推动的资源重新配置。在数字技术支撑下，有关生产经营单位能够快速处理社会各种资源配置的相关数据，并智能地产生有效的资源配置优化方案，创造性地形成平台经济组织。从劳动者的角度来看，新就业形态的工作方式灵活，以具体职业工作任务为导向，工作时间、工作地点和工作内容等具有较大的灵活性，可以充分发挥劳动者空余时间、技术技能特长等方面的优势。劳动者可以获得有比较优势的劳动报酬。新就业形态相关工作任务的发出主体可能是个人，也可能是企事业单位、党政机关等组织。从发出工作任务的主体来看，新就业形态提供了海量可选的劳动者和完成工作任务的灵活方案，可以提供整体成本更低、效率更高、质量更好的资源配置方案。平台经济组织作为第三方，完成新就业形态相关工作任务在发出主体与劳动者之间的撮合，及相关资金结算、信息安全、职业行为规范监督等等。在平台经济组织的运行机制下，新就业形态的劳动者与发出工作任务的主体构成了服务与被服务关系，劳动关系更为灵活、呈现非雇佣化，而平台经济组织成为不可缺少的第三主体。这也是新就业形态与传统就业方式最大的区别。新就业形态的技术条件与经济条件如图3-4所示。

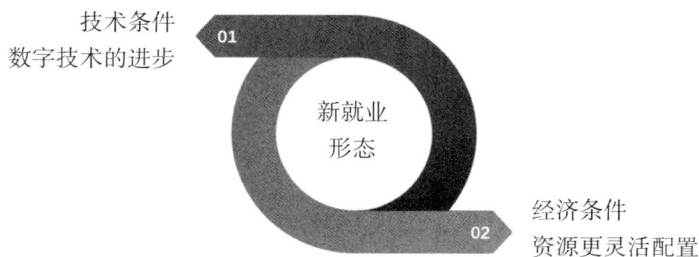

技术条件
数字技术的进步

01

新就业
形态

经济条件
资源更灵活配置

02

图3-4　新就业形态的技术条件与经济条件

新就业形态从业者、发出工作任务的主体和平台经济组织之间构成了一种新的契约关系。其中，新就业形态从业者与平台经济组织之间可以采取劳务派遣的方式，也可以采取合作方式，例如私家车主作为网约车兼职司机采取合作方式带车直接接入平台，而聚合型网约车平台进一步解决了网约车市场的碎片化问题[163]，提高了平台的市场竞争力。在劳务派遣方式上，网约车行业采取的是"三方协议"模式，即劳务派遣公司先与平台经济组织签订合作协议，然后由平台经济组织委托劳务派遣公司招聘司机，劳务派遣公司与司机签订劳动合同，完成订单后收取平台经济组织派单的劳务费。私家车主带车直接接入平台接单的合作方式，私家车主与平台经济组织双方订立承包、租赁、联营等合同，并建立营运风险共担、利益共享的分配机制。这样看来，平台与司机之间没有直接的劳务关系，司机以"独立承包商"的身份为平台经济组织完成发出的工作任务。目前，这种特殊的"合作关系"广泛存在于网约外卖员、网约家政等就业形态。

数字技术的进步不仅为新就业形态提供了技术条件和经济条件，更为平台经济组织的蓬勃发展提供了技术条件和经济条件。数字技术进步催生的平台经济组织发展改变了传统经济下的就业方式，创造了更为多元、包容的新就业形态。新就业形态劳动者获得更多就业机会，劳动者技能得到最大程度的释放，收入水平也得到相应提高。在劳动力充裕的情况下，新就业形态为平台经济组织提供了优化成本的可行方案，降低了平台经济组织用工成本，规避了平台经济组织用工风险。这促使灵活用工朝着"平台化"方向发展，并以平台是否直接面向用户形成了直接用工和间接用工的模式[164]。虽然新形态就业为许多劳动者创造了职业工作机会，但也存在劳动者的基本权益和劳动保护可能缺失等问题。这些情况还需要进一步完善相关法律法规，以促进新就业形态健康持续发展。新就业形态中的职业还处在发展之中，相关职业的工作行为准则和规范还处于在实践中逐渐完善的过程之中。因此，高职院校学生职业道德教育很容易脱离新形态就业相关职业道德的发展步伐。高职院校必须组织相关专业教师深入研究这些新形态就业的相关职业工作及其职业道德，促使学生职业道德教育紧跟新形态就业职业道德的进步。

三、数字时代高职院校学生职业道德教育的数字困境

在数字时代的背景下，高职院校需要依据产业数字化转型动态情

况，不断摸索人才培养的数字化转型，以培养更符合行业、企业数字化转型急需的专业人才。目前，我国各行各业都开始了数字化转型，广泛应用数字化设备和技术，大幅度提高了生产经营效率和用户体验效果。红杉资本对222家企业进行深度调研，发现95%的受访企业已开展了不同程度的数字化转型实践。[165] 有的行业已经开始用RPA处理大部分传统工作，如会计工作；有的行业数字化转型处于起步的阶段，如传统的农业、建筑业等。虽然各行业实现数字化转型的程度有所差异，但是数字化转型的大趋势已经不可逆转。企业是各行业数字转型的先锋，高职院校则通过校企合作提高人才培养过程的数字化转型，以尽可能提高学生数字化转型的实践技能水平。我国职业教育领域的数字化转型仍面临理念滞后、应用不深和素养较弱等问题。[166] 高职院校在实施职业教育数字化转型过程中，学生职业道德教育教学难以适应数字化转型的快速变化，以致学生职业道德教育教学工作难以开展，学生职业道德教育教学工作效果不佳。如何在数字化转型的过程中挖掘适应数字化时代职业道德呈现的新趋势？如何把适应数字化时代的职业道德纳入高职院校人才培养过程？这些是当前高职院校学生职业道德教育教学不可回避的重要问题。

随着大数据、人工智能等技术的广泛应用，许多行业的岗位开始了数字化转型。在金融行业，传统的银行柜员岗位逐渐被智能柜员机取代，客户可以通过自助设备完成大部分银行业务。同时，基于大数据的风险评估模型也使得信贷审批更加高效和精准。在零售业，智能导购和收银系统通过分析顾客的购物习惯和喜好，为其推荐合适的商品。无人便利店和智能货柜的出现，使得购物更加便捷，减少了人力成本。在制造业，工厂开始采用智能化生产线，配合传感器、数据分析和电商平台等，实现生产过程与商业经营过程的实时监控和优化。此外，一些在超大城市的企业允许部分员工通过远程办公软件等居家工作，从而减少了员工通勤时间，降低了管理成本、提高了工作效率。数字化转型不仅提高了生产效率，还提高了用户满意度。数字化转型已经成为各行业发展的必然趋势，重塑了传统工作模式，为各行业的创新发展注入了新的活力。

产业端工作岗位的数字化转型要求高职院校与企业进一步加强数字化技术技能培养过程中的职业道德教育。一方面，产业端工作岗位的数字化转型要求校企双方注重培养学生的数字化技能和数字化创新能力。例如，当客户服务岗位采取机器人接打电话和应答微信等工作时，则高职院校财经商贸类专业必须把设计、运行、维护客户机器人等数字化技术技能培养作为教学内容。这要求高职院校与企业加强合作，学校教师和企业专家共同深入分析、梳理与工作岗位数字化转型相关的新的技术技能，并按照职业人才培养规律建设课程资源、开展教学改革，经过实践检验后纳入课程体系和人才培养方案。另一方面，产业端工作岗位的数字化转型需要校企双方注重培养学生在数字化环境下开展工作相应的职业道德。由于数字化转型使得大量重复的工作由机器人完成，在传统流水线车间和传统分销经营方式下体现职业道德的具体形式也发生了改变。例如，在传统产业环境下，数十、几百人在同一个狭小的物理空间中共同工作的场景被互联网联系在一起的、分布在不同地区的人员共同工作的场景所替代。数字化转型允许不同地区人员共同工作的情景，一方面在更大范围内优化人员配置、大幅度提高了工作效率，另一方面不能当面交流将会改变工作人员之间呈现职业道德的行为和表现。在传统工作方式中，可以通过语气、动作、表情等展现工作人员的态度，在数字化转型的工作方式中，只能依靠文字、图表、定位等表现工作人员的态度。数字化转型不仅对工作人员技术技能提出了新的要求，也对工作人员的职业道德提出了新的要求。数字化转型不再严格要求工作人员集中到同一空间范围，一方面提高了工作效率，另一方面也带来"职业骗薪"[167]等不良社会现象。便捷的移动支付几乎消灭了小偷，但带来了大量电信诈骗[168]。2023年内蒙古包头市公安局电信网络犯罪侦查局发布了一起使用人工智能技术进行电信诈骗的典型案例，福州一家科技公司老总在短短10分钟内被骗走了430万元。[169]在数字化转型的过程中、识别、防范电信诈骗等成为职业道德的内容之一。虽然当前多数产业的数字化转型尚未彻底完成，但是数字化转型已经不可逆转地改变了产业端工作岗位的内容和形式，呼唤适应数字化环境的新的职业道德元素，也急需教育端能够面向学生开展相应的职业道德教育教学活动。

第四章

数字时代高职院校学生职业道德教育的机理分析

在新的科技革命和产业变革浪潮下，以互联网、区块链、人工智能等为代表的数字技术的重要性日益凸显，数字产业化和产业数字化成为我国经济发展的支柱，其地位日益重要。首先，本章以归纳的理论作为基础，构建了数字时代影响我国高职院校学生职业道德的基本理论分析框架；其次，分析了数字时代影响我国高职院校学生职业道德教育的传导机制；最后，进一步细化了数字时代影响高职院校学生职业道德教育的传导路径，重点从数字技术推动职业道德发展和高职院校学生职业道德教育等视角出发进行详细分析，为后续章节的实证研究奠定了基础。

第一节　数字时代高职院校学生职业道德教育的新趋势

在数字时代，数字技术广泛渗透到各行各业，产业端职业道德的内涵和外延都在不断扩展和深化。职业道德是人们在职业活动中应当遵循的行为准则，是培养高素质人才的重要环节。[170]数字化转型不仅赋予了产业端职业道德新的元素，也向高职院校学生职业道德教育提出了新的要求。在数字化转型的大背景下，许多高职院校的学生职业道德教育开展了数字化转型实践，呈现出新的发展趋势，具体包括：职业道德教育内容的数字化趋势、职业道德教育过程的线上线下混合化趋势、职业道德教育主体的校企双元化趋势等方面。

一、职业道德教育内容的数字化趋势

当前高职院校的职业道德教育内容往往停留在传统的职业道德理论上，缺乏与数字时代相适应的新内容。这导致学生在面对数字化工作场景时，难以理解和应用职业道德规范。未来工作自我清晰度与和谐型工作激情能够为员工数字化创造力的产生提供强大的实

践动能。[171] 良好的职业道德是高职院校学生未来就业创业的重要素质。然而，当前许多高职院校面对学生在数字环境下工作的相关职业道德教学内容开发不足，极大影响了学生职业道德教育教学的效果。网络空间的匿名性和开放性使得部分高职院校学生在网络行为中出现了道德失范的现象，如网络欺凌、传播虚假信息、侵犯他人隐私等。这不仅损害了学生的个人形象和社会声誉，也给高职院校的职业道德教育带来了挑战。在数字时代，高职院校学生应具备一定的数字化环境下的职业道德，包括信息技术伦理评判、网络安全意识、数据隐私保护能力等。因此，开发数字化转型工作环境下相关职业道德教学内容成为高职院校学生职业道德教育的重要趋势之一。

在产业端开展数字化转型的同时，教育端也进行数字化转型。人工智能、大数据、虚拟现实、区块链等技术的发展应用，为教学活动在虚拟空间的开展提供了技术支撑，助力传统教学模式的破维发展。[172] 许多高职院校建设了数字化课程、虚拟仿真教学平台等，在一定程度上体现了职业教育的数字化转型，也推动了高职院校学生职业道德教育教学的数字化转型。在表象上，高职院校学生职业道德教育教学的数字化转型是以数字化方式呈现教学内容。这样一方面大幅度增加教学资源供给，扩大教学覆盖的时间范围和空间范围，最终实现随时随地可以学习的状态；另一方面可以精准匹配学生学习需求和教学资源供给，从而大幅度提高教学精准程度，最终实现个性化教学。在实质上，高职院校开展的职业教育数字化转型包含两部分：一是产业端工作岗位的数字化技术技能在高职院校职业教育中的呈现，二是高职院校职业教育教学专业课程数字化的呈现。这两部分联系紧密：工作岗位的数字化技术技能蕴含的职业道德教育元素最好的呈现方式是学生职业道德教育的数字化教学。如果条件允许，工作岗位的一些非数字化技术技能蕴含的职业道德教育元素也可以呈现为数字化教学，从而在整体上提高教学效果。当然，高职院校受办学条件限制等原因，多数工作岗位的非数字化技术技能蕴含的职业道德教育元素还是呈现为课程的非数字化教学，甚至产业端工作岗位的一些数字化技术技能蕴含的职业道德教育元素也可能呈现为课程的非数字化教学。由此，依据产业端工作岗位技术技能蕴含的职业道德教育元素是否属于数字化，以及职业教育端学生职业道德教育教学是否数字化，将产业端和职业教育端放在数字化转型的体系之下可以分为四个部分（见表4-1）。

表4-1　　　　　　　　职业道德教育内容的数字化分析表

内容/元素		产业端工作岗位技术技能蕴含的职业道德教育元素	
		数字化	非数字化
职业教育端职业道德教育教学内容	数字化	产业端职业道德教育元素数字化，且职业教育端职业道德教育教学内容数字化	产业端职业道德教育元素非数字化，但职业教育端职业道德教育教学内容数字化
	非数字化	产业端职业道德教育元素数字化，但职业教育端职业道德教育教学内容非数字化	产业端职业道德教育元素非数字化，且教育端职业道德教育教学内容非数字化

在数字化转型的体系中，产业端工作岗位技术技能蕴含的职业道德教育元素的数字化程度与职业教育端职业道德教育教学内容的数字化程度可以存在一定距离。根据教育发展优先的原则，职业教育端的职业道德教育教学的数字化程度应该要高过产业端的工作岗位技术技能蕴含的职业道德教育元素的数字化程度。当前，各行业正处于数字化转型的过程中，短期内可能会出现职业教育端职业道德教育教学的数

字化程度高过产业端工作岗位技术技能蕴含的职业道德教育元素的数字化程度。从发展趋势来看，国家越来越重视职业教育，加大投入建设高职院校，职业教育端职业道德教育教学内容数字化程度应该会越来越高。

二、职业道德教育过程的线上线下混合化趋势

在数字时代，学生更加习惯于通过线上的方式获取多元化的信息和知识。高职院校仅仅依靠课堂讲授的教育方式难以激发学生的学习兴趣和积极性，也难以满足学生多样化的学习需求。线上教学是网络信息技术与教育教学深度融合的产物，数字技术与线上教学内在贯通、关联甚密。[173] 高职院校是培养技术技能型人才的教育机构，高职院校学生职业道德教育应蕴意于实践性和操作性的教学活动。在数字时代，高职院校的职业道德教育往往需要在数字化的实践环节中引导学生将职业道德规范转化为实际工作的标准操作。如果高职院校学生职业道德教育过程仅仅以课堂讲授方式开展教学，将难以满足职业道德教育内容数字化的教学要求。这不仅影响了学生的职业素养提升，也限制了学生在数字化工作场景中的适应能力。高职院校学生职业道德教育教学采取线上线下混合教学，可以扩大教学资源范围、改变教学时空、切合学生学习路径，达到"资源赋能精准把握学情，结构赋能优化教学模式，心理赋能培育创新思维和团队意识"[174]。为此，高职院校学生职业道德教育过程应该包括线下教学，也应该包括线上教学，是线上教学和线下教学相互混合的过程。

线上线下混合化为高职院校学生职业道德教育提供了更多的可能性和便利性，教学团队能够更加精准地针对学生特征开展多样化、个性化的教学活动。例如，通过分析学生的学习数据和行为习惯，教师可以更好地了解每个专业职业道德教育的特点和需求，从而制订更加具有针对性的教学方案。这不仅提高了职业道德教育效果，也有助于培养学生的自主学习和解决问题的能力。数字技术为职业道德教育注入了线上教学的活力。通过数字技术，一些真实的职业工作场景可以数字化方式进入教学过程，让学生在真实的工作环境中亲身体验和实践，从而更深入地理解和应用职业道德准则。高职院校学生职业道德教育的线上线下混合化方式不仅激发了学生的学习兴趣，还提高了学生的实践能力。在数字时代，高职院校应该改进基于合作探究的混合教学模式，提升学生的高级技能。[175]线上的社交媒体作为信息传播的重要渠道，在职业道德教育中扮演着重要角色。线上教学不仅可以作为教学和互动的平台，还可以帮助教育者及时了解学生的思想动态，引导学生树立正确的职业道德观念。然而，社交媒体也可能传播一些负面信息，对学生的职业道德观念产生不良影响。在数字时代，多元文化和价值观的交流与碰撞更加频繁。高职院校学生在面对不同文化和价值观时，可能会出现困惑和迷茫，导致价值观冲突。这种冲突可能会影响学生对职业道德的理解和认同，进而影响学生在未来的职业发展。因此，高职院校采取线上线下混合化实施学生职业道德教育教学的过程中需要密切关注并合理利用线上社交媒体，充分发挥线上社交的积极作用，避免线上社交的负面影响。在线下教学，师生深入交流、探讨线上学习职业道德过程中遇到的各种热点问题、生产经营的具体问题，不能回避线上社交媒体带来的话题，而要恰当地加以讨论，进而引导学生养成适应数字时代要求的职业道德。高职院校采取线上线下混合教学不仅提高了职业道德教育教学质量，而且提高了职业道德教育教学效率。

三、职业道德教育主体的校企双元化趋势

在数字化转型进程中，产业端岗位技术技能更新换代的速度加

快，职业道德规范的具体表现也处在发展变化过程中。在数字时代，高职院校的职业道德教育关系到企业生产经营过程中的信息安全、数据隐私、技术创新等诸多重要领域。企业为获得数字化转型急需的技术技能人才必须通过加强校企合作，为高职院校学生提供真实的数字化工作环境和实践机会，把高职院校学生培养成为具备数字技术技能和职业道德的人才。尽早地在人才培养过程中植入适应数字化时代的职业道德，成为学校和企业共同的期望。不仅高职院校需要把产业端企业数字化转型的技术技能纳入教育教学，而且企业也需要"将教育教学活动嵌入技术应用、技能形成、企业发展之中加以设计"[176]，从而提高职业教育人才培养的适应性。高职院校与用人企业双方比较容易在人才供求的过程中达成合作所需的平衡。企业与学校都成为高职院校学生职业道德教育的主体，呈现出高职院校学生职业道德教育主体的校企双元化。

职业道德教育主体的校企双元化要求企业与高职院校共同参与学生职业道德教育，共同制定职业道德教育目标、内容和过程。校企共同为学生制订学习计划、共同开发课程，明确培训目标、培训内容与期限、质量考核标准等内容。[177]高职院校发挥职业道德理论知识积淀深厚的优势，而企业则发挥职业道德丰富案例资料和实践环境的优势，双方优势互补，共同促进学生的全面发展。在数字技术持续推进的新时代，我国职业教育迈向了新的发展阶段，职业教育高质量发展体系正在日渐完善。[178]职业道德教育主体的校企双元化要求高职院校设置符合数字化工作岗位的教学环境及与其配套的职业道德典型案例、职业道德角色扮演等多种形式，帮助学生建立起正确的职业道德观念，为未来数字化环境下的职业生涯奠定坚实的基础。职业道德教育主体的校企双元化要求企业把最新的数字化岗位中出现的职业道德实践资料转化为学生职业道德教育教学材料，通过提供数字化岗位实习实训，使学生能够亲身体验到职业道德在数字化工作中的重要性，并在实践中不断提升职业道德。职业道德教育主体的校企双元化要求高职院校学生职业道德教育评价方式的多元化。学生职业道德教育教学效果除了采取传统的笔试、实践考核等方式外，还应注重学生的自我评价、企业评价等多方面的反馈。通过综合评价方式，可以全面了解学生在数字化岗位职业道德、职业技能等方面的表现，从而提高职业道德教育教学质量。

数字化转型深刻地改变了许多行业的工作内容和方式，也推动高职院校学生职业道德教育呈现新的趋势。高职院校如何通过教学改革把适应数字化时代的职业道德纳入人才培养过程是当前面临的重要问题。根据数字时代高职院校学生职业道德教育呈现的新趋势，应从教学内容数字化、教学过程混合化和教学主体双元化三个方面开展高职院校学生职业道德教育教学改革：首先，构建适应数字时代的高职院校学生职业道德教育教学内容，提高学生职业道德教育教学的有效覆盖面。其次，优化高职院校学生职业道德教育教学过程，打造线上+线下的职业道德教育教学体系。最后，充分使用企业职业道德教育资源，构建校企双元的高职院校学生职业道德教育平台。

第二节　数字时代影响高职院校学生职业道德教育的框架与机制

一、数字时代高职院校学生职业道德教育的框架

鉴于数字技术成为数字时代经济增长的重要引擎，成为影响高职院校学生职业道德教育的重要因素，本文以数字时代相关理论、收入分配理论、长尾理论和市场失灵理论为理论指导，构建了数字技术改变职业道德，进而影响高职院校学生职业道德教育的框架。数字时代

高职院校学生职业道德教育的运行框架如图4-1所示。

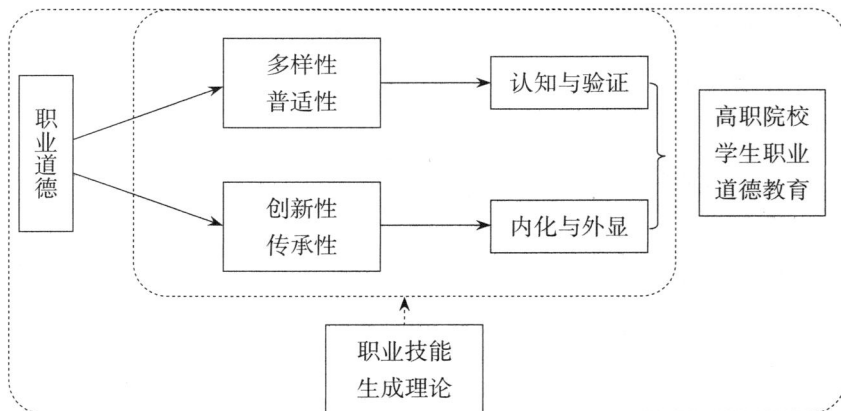

图4-1 数字时代高职院校学生职业道德教育的运行框架

数字技术对职业道德的影响是高职院校学生职业道德教育在数字时代发展的基础和前提。数字技术通过产生"创造性破坏"，催生新的产品、新的商业模式和新的产业形态，为传统产业相关岗位的数字化转型提供了动力，改变了人们的生活方式和社会生产方式。数字技术的应用对传统产业进行改造升级，促进产业朝着指数型、节约型和高效型经济增长模式发展。数字技术的迭代更新和数据要素参与分配颠覆了传统经济的生产模式，推动了职业工作场景经济、工业经济和服务业经济的数字化转型，提升了全要素生产率，促进经济增长，推进了经济高质量发展，促使职业道德的适应范围越来越广、界定越来越精确。数字技术推动的经济增长扩大了人们工作协同的范围和工作成果的影响范围，进而推动各行各业职业道德呈现多样性和普适性的统一、传承性与创新性的统一。

职业技能生成理论为高职院校学生职业道德教育提供了理论支撑。依据职业技能生成理论，学生在职业工作场景中开展实践，是学生内化知识和技能的基础，也是保障职业教育质量的基础。为了促使学生充分内化数字时代职业道德要求的共同行为准则和规范，高职院校必须在学生职业道德教育中引入数字时代职业工作场景和发展成果。数字技术传播、扩散和应用有助于促进职业工作场景数字化，为高职院校学生职业道德教育零距离应用数字技术提供了新的机遇和可能性。数字技术应用能够促进中小企业成长[179]，小微企业、创新型企业通过应用数字技术降低了小众产品的经营成本并扩大了服务范围。高职院校学生通过参与小微企业、创新型企业小众产品和服务的提供广泛接触到数字技术，从而深刻体会到数字技术环境下职业道德的重要性。一方面，数字技术的普及和应用为高职院校数字化职业工作场景以及企业行业职业信息、知识和技术共享提供了新的平台和渠道，打破了信息壁垒，拓宽了学生接触职业知识和技能的途径，提高了学生获取知识和技能的效率，为高职院校学生职业道德教育提供了更广阔的空间；另一方面，高职院校在学生职业道德教育中应用数字技术可以弥补传统课堂教学职业道德教育教学资源分配不足的缺陷，促进职业道德教育教学资源的合理流动和配置，特别是在落后地区或农村地区，高职院校能够利用数字技术获得数字化职业工作生产经营岗位场景、数字化职业道德应用等方面的机会，从而提高了高职院校学生职业道德教育的整体效率和水平，缩小了职业道德教育的区域差距。数字技术与教育、医疗、就业等各类基本公共服务资源结合，有助于推动基本公共服务普惠和数字化职业工作场景构建。高职院校学生通过享受数字技术带来的公共服务，进一步认识到职业道德是数字时代人们数字化职业工作场景经济发展成果的重要基础。

然而，数字时代发展进程中存在数字鸿沟等制约高职院校学生职业道德教育的因素，如果不能有效减弱或者消除数字时代发展中出现的制约职业道德及其教育的因素，可能会严重影响高职院校学生职业道德教育的效果与效率。数字时代发展还可能呈现出市场失灵状态，比如数字垄断，进而产生新的不公平等道德问题。基于此，各级政府通过运用公共权力，制定和执行相关法律、法规和政策，加强市场监管和规范，引导数字时代职业道德的健康发展。数字技术与政务公共服务部门相结合有利于打破要素孤岛，推动各类信息数字化职业工作场景的构建，为包括职业道德在内的诸多社会治理提供了数字技术和数据资料支撑。高职院校应该充分使用政府公共服务的数字技术和数据资料，将其作为学生职业道德教育的资源。这些公共服务形成的职业道德教育资源作为影响高职院校学生职业道德教育的重要外部因素，不仅有助于降低数字垄断的影响，还能缓解数字鸿沟等问题，从而保障数字时代高职院校学生职业道德的健康、良性发展。

数字技术在各行各业中广泛而深入的应用为职业道德在数字时代变化提供了社会经济基础。数字时代职业道德变化主要是多样性和普适性的统一、传承性与创新性的统一。数字化的工作场景及职业道德在数字时代呈现的广泛联系，促使高职院校学生职业道德教育呈现出认知与验证的统一。高职院校学生职业道德教育认知是指学生在高职院校预设的数字化职业工作场景学习过程中认识到职业道德对职业工作的重要作用，以及职业道德在社会经济发展过程中的运行机理。高职院校学生职业道德教育验证是指学生在职业知识学习和职业技能训练过程中通过观察其他人员的职业经历和亲历的职业工作过程，验证自身对职业道德的认知。在数字时代以前，学生在校园内学习职业道德知识，毕业后到工作岗位上才能验证所学的职业道德知识。其原因是高职院校学生职业学习时空与职业工作时空的距离较大，导致学生们学习的职业道德知识需要待到毕业后在工作中才能得到充分验证。到了数字时代，学生在校园内学习职业道德知识，可以马上在相关数字化职业工作实践中得到验证。数字技术赋能教育，使职业教育教学过程精准化、学习体验具身化、管理模式智能化、评价路径可视化。[180]数字技术提供的数字化职业工作场景可以突破行业企业与高职院校的时空范围，从而使得高职院校学生职业道德认知和验证在数字化职业工作场景中统一完成。

数字技术在推动产业数字化、数字产业化的过程中也促使了职业教育的数字化转型。高职院校学生职业道德教育在数字化转型的过程中将会呈现职业道德内化与外显的统一。高职院校学生职业道德教育内化是指学生在职业工作场景的职业道德学习、实践训练等过程中把习得的职业道德转化为自身的行为准则的过程。高职院校学生职业道德教育外显是指学生运用习得的职业道德解决职业工作场景具体问题的过程。高职院校学生需要经过多轮次的职业道德学习、实践验证、再学习、再验证，才能最终把职业道德内化为自觉的行为准则和规范。在数字时代以前，高职院校学生需要毕业后才能接触到真实的实践工作，这意味着高职院校学生职业道德的内化过程会延后到毕业工作时，也就很可能会超过在校学习的时间。到了数字时代，高职院校学生借助数字化工作场景可以在学习过程中频繁接触到真实的实践工作，从而极有可能在学校学习期间完成职业道德的内化过程，进而外显为在实践工作中恪守职业道德，并能根据实践工作的变化发展职业道德。

二、数字时代我国高职院校学生职业道德的作用机制

高职院校学生职业道德教育包括"认知与验证"和"内化与外显"两个方面。基于数字技术而构建的数字化职业工作场景成为高职院校学生职业道德教育的重要载体。我国由经济增长阶段转向经济高质量发展阶段，基于数字技术构建的数字化职业工作场景在经济高质量发展中发挥了关键作用，也促使高职院校学生职业道德教育必须面向数字化。经过职业工作场景经济时代和工业经济时代的

发展，数字技术已经成为我国数字时代经济增长的新动力，为实现高职院校学生职业道德教育目标奠定了坚实的物质基础。因此，数字化职业工作场景是高职院校学生职业道德教育的基础和前提。因此，数字化职业工作场景有助于优化认知与验证的统一，能够带来内化与外显的统一。此外，持续增进民生福祉，要加强基础性、普惠性、兜底性民生建设，让人们从基本公共服务均等化中体会道德，促进持续发展，也是扎实推进高职院校学生职业道德的进路。因此，本文从数字技术应用机制、数字化职业工作场景机制和职业道德生成机制三个方面，构建了数字时代积极影响我国高职院校学生职业道德教育的作用机制，如图4-2所示。此外，数字时代发展中存在数字鸿沟等问题，可能会削弱数字时代对高职院校学生职业道德教育的积极效应。这时候需要高职院校进行正面的教育，通过高职院校的调节作用来解决数字鸿沟对高职院校学生职业道德教育的不利影响。因此，本文从高职院校视角出发，构建了调节机制，探究高职院校在数字时代对学生职业道德影响中的积极调节作用以及解决数字鸿沟的问题，以促进我国高职院校学生职业道德教育目标的实现。

图4-2 数字时代积极影响我国高职院校学生职业道德教育的作用机制

从整体上来看，数字技术应用机制是数字时代发展和社会的基石，为数字化职业工作场景机制发挥作用提供了必要的技术支持和职业工作场景以及基础条件。数字技术应用推动的数字产业化属于经济发展的增量改革范畴，在数字技术创新活动实现产业化的过程中增加了职业工作场景的多样性，提供了更高质量的新业态和新产品，从而大幅度提高了市场效率。数字新质生产力是建立在新质生产力基础上关于数字经济融合发展的生产力[181]，数字技术应用推动的产业数字化属于经济发展的存量改造，促进了传统产业生产经营的数字化转型和社会整体生产率的提升。数字化职业工作场景机制为高职院校学生职业道德教育提供了外部环境和材料支撑。数字技术应用机制提供了数字化职业工作场景机制、数字时代职业道德生成机制依赖的生态系统等，推动合作伙伴之间的创新和协同发展。数字技术应用机制为数字化职业工作场景机制和职业道德生成机制在高职院校职业道德教育过程中发挥积极作用奠定了坚实的社会经济基础。

（一）数字技术应用机制

数字技术应用是高职院校学生职业道德教育发展动力中的关键一环。高职院校学生职业道德教育目标的实现必须依赖数字化职业工作场景。数字化职业工作场景的基础则是数字技术的广泛应用。数字技术应用通过释放创新效应和溢出效应，能够为高职院校学生职业道德教育创造数字化职业工作场景的条件和机会，加速高职院校学生习得职业道德的过程，提升教育教学效果。

第一，数字技术的广泛应用推动数字产业化，释放创新效应。随着互联网、大数据等数字技术的迅猛发展，基于数字技术的新兴业态不断涌现，催生了数字化职业工作场景。数字产业化是数字经济的核心与基础，对经济、社会产生了巨大影响。[182]数字技术广泛推动了许多岗位摆脱对传统工作场景的依赖而转向效率更高的数字化职业工作场景，其所蕴含的巨大价值不断在社会生产与再生产过程中得以挖掘，促进了新质生产力的发展。[183] 随着数字技术的普及，数字产业化以生产要素的方式作用于实体经济的各个环节。在数字化职业工作场景中，人们可以通过 AI、大数据、物联网等数字技术高效地完成各种生产经营活动，提供丰富的产品与服务。大力发展数字经济、加快推动数字产业发展是促进经济增长的重要引擎。[184] 数字技术的应用推动了平台经济的兴起，各类数字平台成为连接供需双方的重要纽带。通过利用数字平台，企业可以快速接入资源、拓展市场，并与其他企业形成协同合作的生态系统。这种生态系统的建设促进了创新、资源数字化职业工作场景和价值链的整合，使得原本在商业上不可行的业务变得可行，推动了新产品、新模式、新业态、新商业场景等的不断涌现。数字化成为现代化产业体系建设的重要动力。[185] 在数字技术广泛应用的情况下，数据成为新的生产要素，并与传统生产要素相结合，大幅度降低了各类企业的生产经营成本，提升了投入与产出的效能，对于经济发展和人们收入水平的提升具有显著作用。数字技术的应用进一步提高了资金、人才等要素的流动效率，加强了产业间的关联与融合，进而提升了区域生产效率。数字技术的强渗透性打通了生产、分配、交换和消费的各个环节，提升了整体经济的运行效率和质量。

第二，数字技术的广泛应用推动了产业数字化，产生渗透效应。数字技术广泛应用到传统产业各个生产环节，促进了传统产业生产过程的数字化改革，促使了各行各业产品或服务的数字化转型，推动了传统产业升级，大幅度提高了社会生产率，推动了产业数字技术的应用发展。针对当前制约产业数字化、数实深度融合的痛点难点和制度障碍，必须坚持以制度建设为主线，基于数据驱动构建关键核心技术协同攻关的新型举国体制、全产业链协同创新的组织运行机制，完善促进平台经济创新发展和大中小企业融通发展的体制机制，建立健全数据基础制度和新型劳动者培养体系，充分发挥数据、技术、人才等关键生产要素的作用，加速培育新质生产力。[186]一方面，人工智能等数字技术与职业工作场景以及工业、服务业等传统产业进行深度融合，催生了数字化职业工作场景、智慧旅游、数字工业等新型业态，对生产方式和组织方式进行了变革，提高了生产效率和产品质量，促进了传统产业数字化转型升级，加快传统工作岗位转变为数字化职业工作场景。另一方面，数字技术渗透到人们生活中，变革了人们在购物、娱乐、社交等方面的生活方式。通过电子商务平台，人们可以随时随地购买各种商品和服务，实现了便捷的线上购物体验；在线视频、音乐等娱乐平台为人们提供了多样化的娱乐选择；社交媒体和在线社区使得人们能够与朋友、家人保持联系，分享工作与生活。这些数字化的生活方式不仅提高了人们的生活品质，激发了新的消费需求，也推动人们更好地接受数字化工作场景带来的各种服务和产品，从而进一步提高了传统产业数字化转型的速度，促使数字化职业工作场景在生产经营中发挥更好的效果。

第三，数字技术的广泛应用拓展了创业就业的时空范围，降低了职业工作门槛。数字技术的广泛应用能够让不同社会群体参与就业创业，共同创造新业态和新的就业机会。一方面，数字技术的广泛应用降低了创业的门槛和成本，那些具有创业意愿却缺乏资源和渠道的人员通过数字化场景获得创新创业的机会和途径，激发了广大群众创新创业的积极性。另一方面，数字技术的广泛应用创造了大量就业机会，催生了网约车司机、外卖骑手、直播带货主播、电子商务从业者、短视频营运从业者等新型就业岗位，推动了零工经济和平台经济的蓬勃发展。区别于传统岗位中雇佣捆绑关系的工作模式，数字技术广泛应用领域的岗位打破了时空限制，从业人员可以灵活选择工作地点、工作时间、工作内容。劳动者对于工作期限的选择也更加富有弹性，创业和就业更具自主性和灵活性。在数字时代以前，人们必须依靠线下渠道等才能实现创业就业。我国数字经济产业占GDP的比重从2017年的14.35%增长到2020年的17.76%。[187]到了数字时代，更多的人能够通过数字技术应用获得创业就业机会。比如残疾人、边远地区人员、低收入群体和小微企业主等可以通过电子商务、网络直播带货等方式向经济发达地区消费者推广特色产品和服务，从而获得创业和就业的机会。此外，数字时代发展促进了金融行业的数字化发展。

第四，数字技术的广泛应用推动了人们广泛接受了数字化职业工作场景，促进了职业道德发展。职业道德发展是指人们在职业工作动态变化过程中追求文化进步、自我价值、审美情趣、群体认同等的变化产生的职业共同行为规范与准则的进步，包括人们在产品创造和市场供给的动态过程中形成社会成员认可的、相对公平的职业共同行为规范与准则。高职院校学生职业道德教育不仅包括当前的职业道德，还应该包括数字技术广泛应用推动的职业道德发展。一方面，人工智能等数字技术的广泛应用创造出更具个性化、差异化和多元化的产品和服务，满足了人民群众多样化、多层次、多方面的需求；另一方面，在数字技术和网络环境的支持下，全球的厂商可以突破物理空间场所的限制，将优势资源进行数字化存储和广泛传播，促使职业道德适应范围越来越广、界定越来越精确，进而推动人们在职业工作中树立正确的行为规范。在数字技术广泛应用的推动下，人们必须尽快适应职业道德发展的行为准则。数字技术应用机制如图4-3所示。

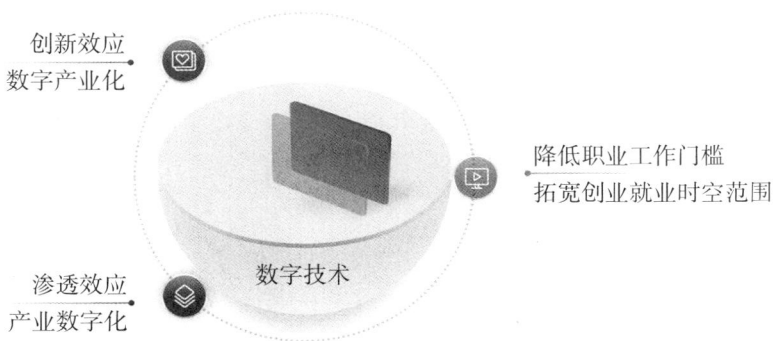

创新效应
数字产业化

降低职业工作门槛
拓宽创业就业时空范围

渗透效应
产业数字化

数字技术

图4-3 数字技术应用机制

数字技术应用机制既包括数字技术产生的创新效应、渗透效应，也包括降低职业工作门槛。数字技术应用机制体现了数字技术广泛而深远地影响了生产经营活动和人类社会生活，是数字技术发挥作用的表现。

（二）数字化职业工作场景机制

首先，数字化职业工作场景提高了职业工作效率。数字技术在职业工作场景中的应用加速了职业工作场景数字化的转型，推动了数字化职业工作场景等领域的发展。数字产业通过数字产业化、产业数字化、孵化战略性新兴产业实现产业深度转型升级。产业深度转型升级驱动数字化职业工作场景发生变革[188]，颠覆了传统职业工作场景中复杂、费用高昂的生产经验模式。数字技术与职业工作场景各个环节融合，不仅提升了生产经营效率，还降低了生产经营成本，推动了各行各业提质增效、高质量发展。数字化职业工作场景通过缓解信息不对称降低了职业工作人员获取信息的搜寻成本，数字化生产设备的使用降低了劳动成本，数字化的供应链管理降低了存储成本和运输成本，从而增加了生产经营利润，提高了职业工作人员收入。

其次，数字化职业工作场景改进了职业工作模式。数字时代的创新效应颠覆了职业工作场景的市场运行模式，促进了新业态、新岗位和新模式的产生，有助于调动资金、人才、技术等资源向职业工作场景流动，为职业工作人员创业和就业营造了良好的发展环境，使数字化职业工作场景成为职业工作人员创富的主要途径，增加了人们的收入渠道。一方面，网络平台缩短了生产者与消费者之间的距离，使得职业工作人员的生产经营能够直接与消费者接触，实现了精准生产和小规模销售。这简化了供应链，扩展了销售渠道，提高了销量，进而提升了职业工作人员的收入。另一方面，互联网普及和电子商务发展也使数字化职业工作场景中的人们接触到全国各地乃至世界各地多种多样的商品，为数字化职业工作场景中的人们带来了更多的选择，使他们能够尝试新产品和新服务，并可以享受到与发达地区人们相似的购物体验，提高了他们的生活质量。

再次，数字化职业工作场景优化了产业资源流向。数字时代有助于带动产业资源流向数字化职业工作场景。数字时代，数字技术成为促进经济增长的重要动能，颠覆了市场运行模式，促进了新业态、新岗位、新模式的产生。数字经济通过数据要素驱动、数实融合和新旧动能转换机制推动新质生产力的涌现。[189] 依托于数字技术和数字平台，通过对职业工作场景资源的供需进行分析，推动了产业资金流、技术流、人才流等流向职业工作场景。一方面，缩小了数字化职业工作场景之间在要素使用效率方面的差距；另一方面，为职业工作人员的创业和就业营造了良好的发展环境，增加了数字化职业工作场景中人们的收入渠道，还引导了大量产业资源投入到数字化职业工作场景中。

最后，数字化职业工作场景改变了职业道德发展环境。一方面，数字技术应用场景区别于传统技术应用场景。数字创新合作显著提升了居民收入水平[190]，主要表现为基于数字技术的工作过程主要通过互联网平台进行在线办理。职业工作人员可以通过数字技术平台获得零工工作，增加家庭收入。另一方面，数字化职业工作场景允许工作人员通过数字技术在线办理业务，成本较低；借助互联网能够更容易获得职业工作人员的诚信情况，可以作为向职业工作人员提供工作机会和绩效评价的依据。传统生产经营岗位数字化转型也已经开始。例如，有学者研究发现数字化培训有助于提升施工班组长不同层面的岗位胜任力[191]。因此，数字化职业工作场景对职业工作人员设置了较低门槛，能够为具有工作需求的职业工作人员提供支持，有利于职业工作人员通过数字化职业工作场景从事生产经营活动，增加收入。此外，数字化技术工具也提供了多样化的支付工具，有助于推动数字化消费，改善人们的生活方式，改变职业工作技术发展环境。这些情况都意味着数字化职业工作场景改变了职业工作环境，进而推动职业道德发展。数字化职业工作场景机制如图4-4所示。

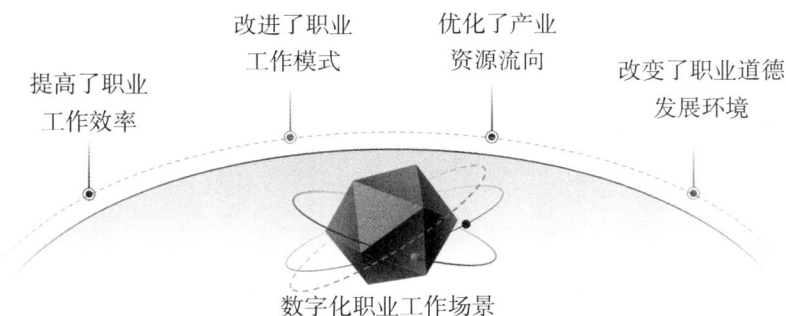

提高了职业工作效率　　改进了职业工作模式　　优化了产业资源流向　　改变了职业道德发展环境

数字化职业工作场景

图4-4　数字化职业工作场景机制

（三）高职院校学生职业道德生成机制

高职院校学生职业道德教育需要在教学过程中融入职业工作场景。在数字时代以前，学生难以跨越职业工作场景与高职院校教学之间的空间距离，导致学生对职业道德的认知与验证存在较大的时间差异，学生对职业道德的内化与外显也不能在校内完成。数字时代来临后，高职院校可以把数字化职业工作场景融入教学过程，实现学生职业道德教育认知与验证在学校教育阶段的统一。在数字时代，缩小高职院校学生职业道德教育过程中"认知与验证的时空差距"成为当下高职院校急需解决的关键问题之一。在数字时代，数字技术广泛应用产生的扩散效应、创新效应可以形成数字化职业工作场景，有助于缩小高职院校学生职业道德教育与职业工作之间的差距，为我国高职院校学生在职业道德教育过程中内化与外显的统一提供了机会。

高职院校学生职业道德教育中认知与验证的时空差距是我国产教融合不充分的重要体现。高职院校教学场景与职业工作场景脱节问题是高职院校学生职业道德教育认知与验证的时空差距中的重点问题。在数字时代发展背景下，职业工作场景作为高职院校学生职业道德的主要阵地，以数字技术发展推动职业工作场景数字化，促进教学场景与职业工作场景融合是促进高职院校学生职业道德教学的必经之路。

职业工作场景与教育教学场景的差距也是高职院校学生职业道德面临的重要问题。基于数字化职业工作场景可以突破时空限制的优势，数字时代主要在以下几个方面缩小职业工作场景与教育教学场景的差距：

第一，数字时代的扩散效应和创新效应为缩小职业工作场景与教育教学场景的差距提供了支撑。数字技术应用机制的兴起打破了传统职业工作场景对人才、资本等要素的高投入依赖，也摆脱了对职业工作时间、空间的依赖。相较于传统职业工作场景，数字化工作场景在建设过程中需要的要素投入大大减少。这得益于数字技术的进步，使得数字化工作场景能够更加灵活、高效地构建和运行。数字技术的广泛应用可以促使职业工作场景转换为数据，在各种应用环境下自由流通，实现职业工作场景与教育教学场景之间的数字化协同。

第二，数字化职业工作场景具有资源配置优势，能够破除时空和区域壁垒，建设统一的职业工作与教育教学场景，提高产业资源与教学资源配置效率，缩小数字化职业工作场景与教育教学场景的时空差距。我国高职教育在很多方面还存在较为严重的教育与产业分割的情况。教育与产业分割是职业工作场景与教育教学场景难以融合的原因之一。一方面，数字时代促进了各类生产要素的有效匹配和利用。数字化职业工作场景的使用和发展能把产业资源与教育资源放在同一个平台上进行配置，打破产业与教育之间的信息不对称，加速信息流动，有助于企业充分使用高职院校资源进行跨时空的生产经营，不仅有助于降低生产经营成本，也有利于为高职院校教育教学带来信息、技术和人才等产业资源，促进职业教育发展。另一方面，由于过去的技术不够发达，教育与产业存在较多的信息不对称问题，一定区域之外的高职院校和个人难以获得足够的产业资源信息，而区域内的相关产业资源只能集中到区域内的高职院校。数字技术广泛应用所带来的"互联网+"集聚弱化了产业的地理集聚，不仅能够促进上下游企业与相关行业之间产生集聚，还能推动企业与高职院校之间建立关联，进而缩小职业工作场景与教育教学场景之间的差距。由于数字化职业工作场景中数据或者信息作为虚拟物品，不会受到地理位置和工作时间的限制，所以职业工作所需要的数据和信息跨时空流动就变得十分常见。数字化职业工作场景能够使产业端资源与教育端资源之间的供求得到有效匹配。此外，数字时代推动了企业进行数字化转型，提高了数字化产业资源配置的效率，进而促使高职院校教育教学过程能够跨越时空范围引入数字化产业资源，从而有助于减小职业工作场景与教育教学场景的差距。

第三，数字职业工作场景推动了校企协同建设产教融合组织，促进了职业工作场景与教育教学场景的融合发展。高职院校与龙头行业企业可以借助互联网、大数据等数字技术，建立完善的职业工作场景与教育教学场景融合的数据收集系统，监测和分析行业和区域产业发展各个方面的数据，包括就业、产业结构、人口流动等。借助数字职业工作场景，高职院校与行业企业都可以了解行业与区域产业资源与教育的现实状况和存在的问题。数字职业工作场景的数据分析和监测能力为产教融合提供了前所未有的洞察力，使校企双方能够精准把握产业资源与教育资源匹配的需求和痛点，制定更加科学合理的产教融合发展战略和政策，有针对性地解决不同行业和区域存在的产教融合问题，推动职业工作场景与教育教学场景的融合发展。更重要的是，校企双方通过数字职业工作场景精准地分析、匹配产业资源与教学资源的数据，可以更好地发现产业资源与教育资源匹配的不平衡和不合理之处，采取措施加以调整，让产业资源与教学资源都能得到充分运用的机会。这不仅有助于缩小职业工作场景与教育教学场景之间的差距，也有利于促进校企合作和深化产教融合。

第四，数字职业工作场景推动了高职院校与行业企业协同建设面向学生的职业道德工作场景与职业道德教育工作场景，促使学生职业道德教育与行业职业道德得到进一步的融合发展。缩小职业工作场景与教育教学场景的差距也成为我国实现高职院校学生职业道德目标亟需解决的重要问题。因此，扩大校企合作范围、深化产教融合是我国实现高职院校学生职业道德目标的重要抓手。数字职业工作场景有助于缩小职业道德工作场景与职业道德教育工作场景的差距。具体来看，数字时代对职业工作场景与教育教学场景差距的影响体现在以下几个方面：①数字时代的高创新性和高渗透性有效推动数字技术的不断改进，促进传统产业的智能化、信息化和数字化转型，催生出以数字技术为核心的新兴产业、新业态和新模式。数字时代的低成本、低门槛优势，为高职院校提供了跨越时间和地理空间范围的产教融合机会以及缩小职业道德工作场景与职业道德教育工作场景的机遇，各地区高职院校均有机会参与职业道德工作场景的构建。②互联网、大数据等数字技术的广泛渗透和数字平台的涌现，促使产业资源和产教融合机会逐渐向高职院校流动和分配，加速了高职院校教学资源要素向产业的自由流动，提高了产业资源与教学资源配置的效率，为面向学生的职业道德工作场景与职业道德教育工作场景的融合发展提供了坚实的基础。数字时代职业道德生成机制如图4-5所示。

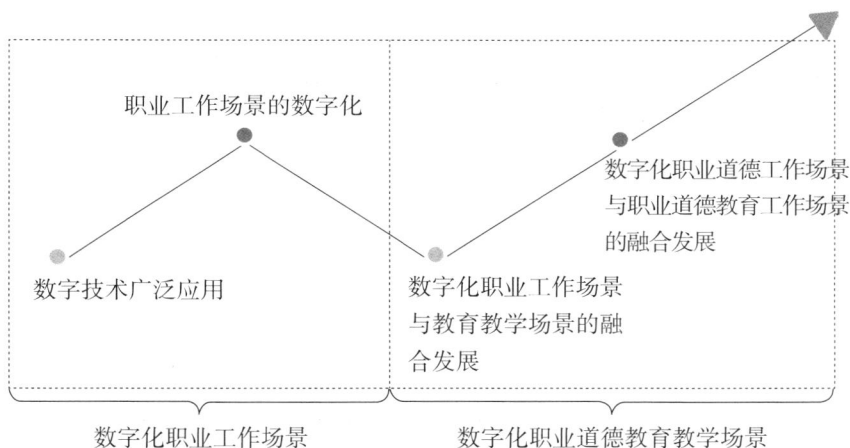

职业工作场景的数字化

数字化职业道德工作场景
与职业道德教育工作场景
的融合发展

数字技术广泛应用

数字化职业工作场景
与教育教学场景的融
合发展

数字化职业工作场景　　　　　　数字化职业道德教育教学场景

图4-5　数字时代职业道德生成机制

在数字时代，高职院校学生职业道德教育遵循生成机制。数字技术的广泛应用推动各行各业职业工作场景快速实现数字化转型。各行业职业工作场景数字化的过程中都包含了职业道德发展。高职院校借助数字化职业工作场景把职业道德实践引入职业道德教育教学活动，从而使学生在充分的学习资料、恰当的职业引导和真实的实践场景中完成职业道德教育教学的"认知与验证的统一"和"内化与外显的统一"。其中，数字化职业道德工作场景与教育教学场景的融合对于高职院校学生职业道德教育至关重要。这不仅取决于职业工作场景与教育教学场景之间的差距，而且更取决于高职院校学生职业道德教育过程。数字化职业道德工作场景与教育教学场景的融合贯穿于学生学习过程，是促进高职院校学生职业道德目标实现的重要环节。高职院校学生职业道德生成机制需要优化教育资源与产业资源，而教育资源与产业资源优化配置的效应需要通过融合数字化职业工作场景与教育教学场景才能发挥相应效果。在教育教学活动中引入数字化职业工作场景，成为高职院校构筑学生职业道德生成机制的关键。

第三节　数字时代高职院校学生职业道德教育生成机制的状态与具体标志事物

一、数字时代高职院校学生职业道德教育生成机制的递减状态与非递减状态

我们可以把从数字化职业工作场景到数字化教育教学场景，再到学生习得职业道德的过程划分为三个阶段：一是数字化职业工作场景中职业道德呈现的情况；二是数字化教育教学场景中职业道德呈现的情况；三是学生习得职业道德呈现的情况。如果我们以传统的、投入产出的视角来看待这三个阶段，那么这三个阶段的数量表现为递减的关系，即学生习得的职业道德小于数字化教育教学场景呈现的职业道德，而数字化教育教学场景呈现的职业道德又小于数字化职业工作场景呈现的职业道德。但是，当我们基于数字时代的高职院校学生职业道德生成机制的角度来看，这三个阶段的数量关系不一定为递减，即学生习得的职业道德可能等于，甚至大于数字化教育教学场景呈现的职业道德，而数字化教育教学场景呈现的职

业道德又可能等于，甚至大于数字化职业工作场景呈现的职业道德。这是由于：第一，在数字时代，学生可能通过无处不在的网络获得课堂教学之外的大量职业道德资料；第二，教师通过深入研究数字化职业工作场景，掌握了职业共同行为规范和准则的发展趋势，取得了领先于实际工作的职业道德教育教学资料，并把这些资料用于职业道德教育教学。

数字化职业工作场景、数字教育教学场景和学生习得职业道德的过程包含的三个阶段应该持续动态变化，既包括三个阶段各自内部的持续动态变化，也包括三个阶段相互之间的持续动态变化。为了更好地描述这些持续动态变化的情况，我们引入数据与运行两个概念。其中数据又分为初始数据和结果数据。初始数据是具体教学活动开始时数字化职业工作场景、数字教育教学场景和学生习得各自呈现的职业道德的数据，而结果数据是具体教学活动结束时数字化职业工作场景、数字教育教学场景和学生习得三个阶段各自呈现的职业道德的数据。从初始数据到结果数据的动态过程是运行状态。运行状态既包括数字化职业工作场景呈现的职业道德的情况变化，也包括数字化教育教学场景呈现的职业道德的情况变化，还包括学生习得的职业道德呈现的情况变化。如果我们能够把职业道德教育的众多具体教学活动联系在一起，形成一个数量庞大的、同类的持续动态变化过程，那么应该通过观察初始数据与结果数据来洞察持续动态变化过程的一般运行模式。为了量化分析这三个阶段及其持续动态的变化，我们需要以代码表示上述逻辑及概念，具体如下：

第一阶段，即数字化职业工作场景中职业道德呈现的情况表示为：A。

第二阶段，即数字化教育教学场景中职业道德呈现的情况表示为：B。

第三阶段，即学生习得职业道德呈现的情况表示为：C。

初始数据为：d_0。

结果数据为：d_1。

运行系数为：r。

那么 d_1 可以表述为 d_0 与 r 的函数关系：$d_1 = f(d_0, r)$，$d_0 > 0$，且 $r > 0$。

假定 d_1 是 d_0 与 r 的乘积，那么：$d_1 = d_0 \times r$。如果 $1 \geqslant d_0 > 0$，且 $1 > r > 0$，那么 $1 > d_1 > 0$。

三个阶段都存在初始数据、结果数据和运行状态，可以把三个阶段的情况列表反映（见表4-2）。

表4-2 数字时代高职院校学生职业道德教育生成机制状态表

序号/数据状态/阶段		A	B	C
1	d_0	Ad_0	Bd_0	Cd_0
2	r	Ar	Br	Cr
3	d_1	Ad_1	Bd_1	Cd_1

其中：Ad_0 表示数字化职业工作场景中职业道德呈现情况的初始数据，Ar 表示数字化职业工作场景中职业道德呈现情况的运行状态，Ad_1 表示数字化职业工作场景中职业道德运行后呈现的结果数据。Bd_0 表示数字化教育教学场景中学生职业道德教育规范呈现的初始数据，Br 表示数字化教育教学场景中职业道德呈现情况的运行状态，Bd_1 表示数字化教育教学场景中学生职业道德教育规范应用的结果数据。Cd_0 表示学生习得职业道德呈现情况的初始数据，Cr 表示学生习得职业道德呈现情况的运行状态，Cd_1 表示学生习得职业道德运行后呈现的结果数据。

在现实中，数字化教育教学场景中学生职业道德教育规范呈现的初始数据（Bd_0）可能不等于数字化职业工作场景中职业道德运行后呈现的结果数据（Ad_1），而学生习得职业道德呈现情况的初始数据（Cd_0）可能不等于数字化教育教学场景中学生职业道德教育规范应用的结果数据（Bd_1）。

第一个阶段结果数据与第二个阶段初始数据存在差异的原因可能是高职院校教学团队没有及时掌握产业端职业道德的变化，也有可能是教师们掌握了产业端职业道德的未来趋势，并将其提前纳入了数字化教育教学场景中学生职业道德教育规范呈现的初始数据。显然，如果高职院校教学团队没有及时掌握产业端职业道德的变化，那么数字化教育教学场景中学生职业道德教育规范呈现的初始数据（Bd_0）应该弱于数字化职业工作场景中职业道德运行后呈现的结果数据（Ad_1）。如果教师们掌握了产业端职业道德的未来趋势，并将其提前纳入了数字化教育教学场景中学生职业道德教育规范呈现的初始数据，那么数字化教育教学场景中学生职业道德教育规范呈现的初始数据（Bd_0）应该强于数字化职业工作场景中职业道德运行后呈现的结果数据（Ad_1）。

第二个阶段结果数据与第三个阶段初始数据存在差异的原因可能是学生只是从高职院校教学团队提供的职业道德教育教学场景中获得资料，而个人理解差异导致部分数据没有进入学生习得职业道德的初始数据；也可能是学生从互联网等其他途径获得了更多的初始数据。显然，如果学生只是从高职院校教学团队提供的职业道德教育教学场景中获得资料，而个人理解差异导致部分数据没有进入学生习得职业道德的初始数据，那么学生习得职业道德呈现情况的初始数据（Cd_0）应该弱于数字化教育教学场景中学生职业道德教育规范应用的结果数据（Bd_1）。如果学生从互联网等其他途径获得了更多的初始数据，那么学生习得职业道德呈现情况的初始数据（Cd_0）应该强于数字化教育教学场景中学生职业道德教育规范应用的结果数据（Bd_1）。

为了清晰区分后一个阶段的职业道德初始数据与前一个阶段的职业道德结果数据可能存在的差异，以 α_1 表示第一个阶段结果数据与第二个阶段初始数据的差异的系数，以 α_2 表示第二个阶段结果数据与第三个阶段初始数据的差异的系数。把两个转换系数纳入三个阶段可以构成从产业端职业道德发展情况到学生习得职业道德的完整过程，如图4-6所示。

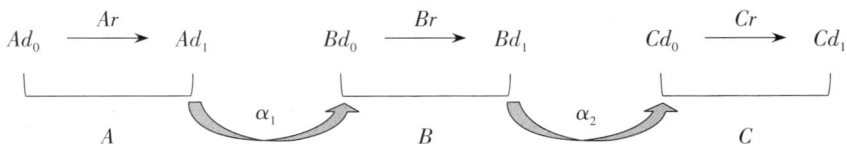

图4-6　产业端职业道德发展情况到学生习得职业道德的完整过程

如果我们以传统的、投入产出的视角来看待这三个阶段及其运行状态，三个阶段应该存在递减的关系，那么均可以相对数表示初始数据、结果数据和运行状态，而且 $1>\alpha_1>0$，$1>\alpha_2>0$。这样高职院校学生职业道德生成机制呈现递减状态。

假定：$1 \geq Ad_0>0$，且 $1>Ar>0$，$1>Br>0$，$1>Cr>0$。

那么：$Ad_1=Ad_0 \times Ar$，$1>Ad_1>0$　　　　　　　　　式4.1

$Bd_0=Ad_1 \times \alpha_1$，$1>Bd_0>0$　　　　　　　　　式4.2

$Bd_1=Bd_0 \times Br$，$1>Bd_1>0$　　　　　　　　　式4.3

$Cd_0=Bd_1 \times \alpha_2$，$1>Cd_0>0$　　　　　　　　　式4.4

$Cd_1=Cd_0 \times Cr$，$1>Cd_1>0$　　　　　　　　　式4.5

即：$Cd_1=Ad_0 \times Ar \times \alpha_1 \times Br \times \alpha_2 \times Cr$，且 $1>Ar>0$，$1>\alpha_1>0$，$1>Br>0$，$1>\alpha_2>0$，$1>Cr>0$，那么 $1>Cd_1>0$。

在数字时代，这三个阶段及其运行状态遵循职业道德生成机制，三个阶段之间的关系有可能呈现递增的状态。依然，相对数表示初始数据、结果数据和运行状态，且$\alpha_1>1$，$\alpha_2>1$。

假定：$1 \geq Ad_0 > 0$，且$Ar>0$，$Br>0$，$Cr>0$。

那么：$Ad_1=Ad_0 \times Ar$，$Ad_1>0$，甚至出现$Ad_1>1$。

$Bd_0=Ad_1 \times \alpha_1$，$Bd_0>0$，甚至出现$Bd_0>1$。

$Bd_1=Bd_0 \times Br$，$Bd_1>0$，甚至出现$Bd_1>1$。

$Cd_0=Bd_1 \times \alpha_2$，$Cd_0>0$，甚至出现$Cd_0>1$。

$Cd_1=Cd_0 \times Cr$，$Cd_1>0$，甚至出现$Cd_1>1$。

即：$Cd_1=Ad_0 \times Ar \times \alpha_1 \times Br \times \alpha_2 \times Cr$，且$Ar>0$，$\alpha_1>0$，$Br>0$，$\alpha_2>0$，$Cr>0$，那么$Cd_1>0$，甚至$Cd_1>1$。这表明高职院校学生在数字时代的职业工作场景和职业教学场景下有可能出现学生习得的职业道德超过高职院校教学团队设定的场景的状态，即高职院校学生职业道德生成机制的非递减状态。其直接原因在于：第一，高职院校教学团队通过深入研究数字化职业工作场景能够预先判断产业端职业道德的未来趋势，并把这些未来趋势纳入数字化教育教学场景中学生职业道德教育规范呈现的初始数据中，使得学生有机会接触比产业端职业道德现状更丰富的数据。第二，学生通过互联网等方式获得了比高职院校教学团队设定的职业道德教育教学场景更丰富的数据，进而提高了自身习得职业道德的效果。高职院校学生职业道德生成机制的非递减状态的深层次原因在于数字技术的广泛应用给予了高职院校部分教学团队和部分学生获得了超越产业端职业道德现状的数据的机会。离开了数字技术的广泛应用，就不能融合数字化职业工作场景和数字化职业道德教育教学场景，那么高职院校师生极少有机会获得超越产业端职业道德现状的、未来趋势的数据。在数字时代，高职院校学生职业道德生成机制已经不严格遵循递减状态，即掌握足够数据的那部分师生在这三个阶段的持续动态变化是非递减的，掌握数据不足的那部分师生在这三个阶段的持续动态变化是递减的。可以预见，随着数字化程度的提高，高职院校学生职业道德生成机制的非递减状态占比也会提高。这是数字时代推动人类社会进步的表现。

二、数字时代高职院校学生职业道德教育生成机制的具体标志事物

决定数字时代高职院校学生职业道德教育生成机制是递减状态，还是非递减状态的关键因素是 Ar、α_1、Br、α_2、Cr 的连乘积是否小于1，即三个阶段运行系数和三个阶段转换形成的两个转换系数的连乘的积是否小于1。如果三个阶段运行系数和三个阶段转换形成的两个转换系数的连乘的积小于1，则数字时代高职院校学生职业道德教育生成机制是递减状态。如果三个阶段运行系数和三个阶段转换形成的两个转换系数的连乘的积等于或者大于1，则数字时代高职院校学生职业道德教育生成机制是非递减状态。由此，我们把三个阶段运行系数和三个阶段转换形成的两个转换系数的连乘的积称为生成机制系数，表示为 β，即 Ar、α_1、Br、α_2、Cr 的连乘积等于 β，进而可以将数字时代高职院校学生职业道德教育生成机制的递减状态和非递减状态简化到如下式子中：

$Cd_1=Ad_0 \times \beta$，$\beta>0$。

其中 β 包括了5个系数，即三个阶段运行系数和三个阶段转换形成的两个转换系数。

如果 $1>\beta>0$，则 Cd_1 小于 Ad_0，那么表示学生在高职院校教育教学活动中所习得的职业道德小于产业端职业道德的现状。如果以直角坐标系图像表示 Cd_1 与 Ad_0 的变化，以 Ad_0 为变量，β 为常量，那么 Cd_1 随着 Ad_0 的增长而增长，但始终处于直角坐标系四十五度（45°）的下方，如图4-7所示。

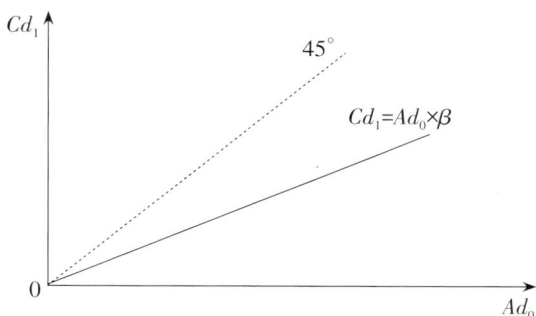

图4-7　当生成机制系数小于1时高职院校学生职业道德教育生成的递减状态

如果$\beta>1$，则Cd_1大于Ad_0，那么表示学生在高职院校教育教学活动中所习得的职业道德大于产业端职业道德的现状。如果以直角坐标系图像表示Cd_1与Ad_0的变化，以Ad_0为变量，β为常量，那么Cd_1随着Ad_0的增长而增长，但始终处于直角坐标系四十五度（45°）的上方，如图4-8所示。

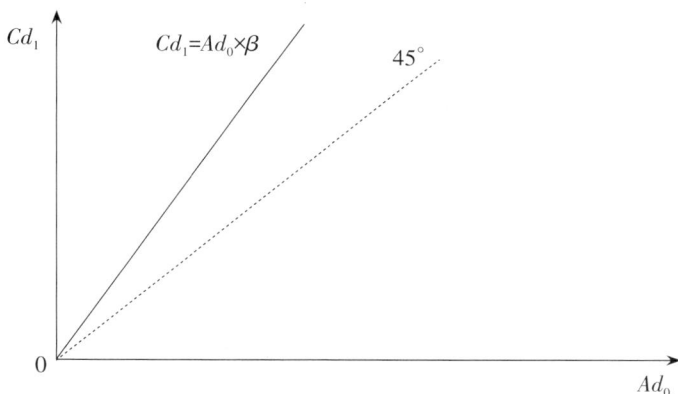

图4-8　当生成机制系数大于1时高职院校学生职业道德教育生成的递增状态

如果$\beta=1$，则$Cd_1=Ad_0$，$Cd_1=Ad_0\times\beta$与直角坐标系四十五度（45°）重合，即表示学生在高职院校教育教学活动中习得的职业道德等于产业端职业道德的现状，如图4-9所示。显然，社会更期望学生在高职院校教育教学活动中习得的职业道德大于产业端职业道德的现状。

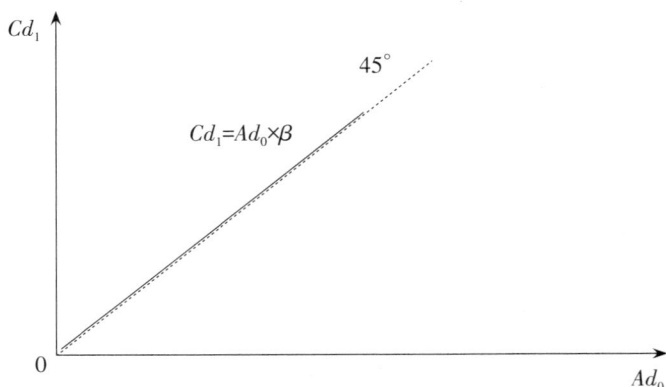

图4-9　当生成机制系数等于1时高职院校学生职业道德教育生成的等同状态

　　数字时代高职院校学生职业道德教育运行模式的关键点是生成机制系数（β）。为了进一步量化分析生成机制系数（β），必须研讨三个阶段运行系数和三个阶段转换形成的两个转换系数在实践运行中的标识。

　　第一阶段运行系数（Ar）在实践运行中的标识是产业端职业道德实践情况与明文规定的职业道德规范。其运行过程是产业端职业道德随着产业技术工作实践的进步而持续发展，明文规定的职业道德规范不断吸收实践形成的技术工作共同行为准则和规范。其中，某个具体产业技术工作在某个时间点的、明文规定的职业道德规范与产业端职业道德实践情况的符合程度可以代表Ad_0，而之后相应变化的、明文规定的职业道德规范与产业端职业道德实践情况的符合程度可以代表Ad_1。

　　第一阶段与第二阶段转换形成的转换系数（α_1）在实践运行中的标识是高职院校教育教学规范中对学生职业道德教育的规定与产业端明文规定的职业道德规范。其运行过程是高职院校教育教学规范中对学生职业道德教育的规定受到产业端明文规定的职业道德规范的影响，并通过指导教师教学行为和教学场景等方面影响到学生习得职业道德的过程。高职院校教师教学团队通过数字化职业工作场景以及市域联合体、产教融合共同体、区域开放实践中心等产教融通组织深度参与行业企业实践，获得产业端职业道德在数字技术应用中实践进步的具体情况，经过研究后能够准确预判职业道德发展趋势，并把职业道德未来的这些趋势纳入人才培养方案、课程标准、教学指导书、教案和讲义等文件资料之中。如果高职院校教师教学团队掌握和研究产业端职业道德现状及未来趋势，那么高职院校教育教学规范中对学生职业道德教育的规定有可能超越产业端明文规定的职业道德规范。高职院校教育教学规范中对学生职业道德教育的规定应该会不断吸收教学团队对产业端职业道德的研究成果，进而使职业道德教育教学场景持续贴近产业端职业道德现状和未来趋势，并影响职业道德教育教学场景。其中，某个时间点高职院校教育教学规范中对学生职业道德教育的规定符合产业端明文规定的职业道德规范的程度可以代表 Ad_1、而之后相应变化的、高职院校教育教学规范中对学生职业道德教育的规定符合产业端明文规定的职业道德规范的程度可以代表 Bd_0。

第二阶段运行系数（Br）在实践运行中的标识是高职院校学生职业道德教学场景构建情况与高职院校教育教学规范中对学生职业道德教育的规定。其运行过程是高职院校教育教学规范中对学生职业道德教育的规定指导教师教学行为和教学场景等方面影响到高职院校学生职业道德教学场景构建情况。随着高职院校教学团队掌握和研究产业端职业道德现状及未来趋势，并用于职业道德教学场景构建工作，而高职院校教育教学规范中对学生职业道德教育的规定尚未纳入教师教学团队对职业道德研究的成果，那么职业道德教学场景实践有可能超越产业端明文规定的职业道德规范。高职院校教育教学规范中对学生职业道德教育的规定不断吸收教学团队对高职院校教育教学规范中对学生职业道德教育的规定，进而持续贴近产业端职业道德现状和未来趋势，并影响学生习得职业道德的过程。其中，某个时间点高职院校学生职业道德教学场景构建情况符合高职院校教育教学规范中对学生职业道德教育的规定的程度可以代表Bd_0，而之后相应变化的、高职院校学生职业道德教学场景构建情况符合高职院校教育教学规范中对学生职业道德教育的规定的程度可以代表Bd_1。

第二阶段与第三阶段转换形成的转换系数（α_2）在实践运行中的标识是高职院校学生职业道德教育教学实践活动及其过程资料与高职院校学生职业道德教学场景构建情况。其运行过程是高职院校教师教学团队根据高职院校教育教学规范中对学生职业道德教育的规定，构建职业道德教育教学场景，组织学生置身于特定的环境中习得产业端职业道德的现状和职业道德发展趋势。如果高职院校教学团队已经掌握和研究了产业端职业道德现状及未来趋势，而先用于职业道德教育教学实践，那么高职院校学生职业道德教育教学实践活动及其过程资料可能超越预设的职业道德教学场景。其中，某个时间点高职院校学生职业道德教育教学实践活动及其过程资料与高职院校学生职业道德教学场景构建情况的符合程度可以代表Bd_1，而之后相应变化的、高职院校学生职业道德教育教学实践活动及其过程资料与高职院校学生职业道德教学场景构建情况的符合程度可以代表Cd_0。

第三阶段运行系数（Cr）在实践运行中的标识是学生习得职业道德的效果与高职院校学生职业道德教育教学实践活动及其过程资料。其运行过程是学生习得的职业道德紧跟产业端职业道德现状及未来趋势，高职院校学生职业道德教育教学实践活动及其过程资料对学生习得职业道德作出了记录与评价。在数字时代，学生可以通过互联网等途径广泛接触产业端职业道德现状及未来趋势，甚至借助网络越过教师教学团队和教学场景直接接触海量数据。因此，学生习得职业道德的效果可能超越高职院校学生职业道德教育教学实践活动及其过程资料中所反映的效果，即学生增加了学习材料从而把职业道德内化为自身的素质，更好地完成职业道德生成机制的"认知与验证"和"内化与外显"。其中，某个时间点学生习得职业道德的效果切合高职院校学生职业道德教育教学实践活动及其过程资料的程度可以代表 Cd_c，而之后相应变化的、学生习得职业道德的效果切合高职院校学生职业道德教育教学实践活动及其过程资料的程度可以代表 Cd_1。

如果我们能够清晰地界定数字时代高职院校学生职业道德生成机制系数（β）在三个阶段变化过程中的标志事物，那么还需要理清楚生成机制系数（β）包含的三个阶段运行系数和三个阶段转换形成的两个转换系数的具体标志事物，以便根据这些具体的标志事物获得足够数据来证明数字时代高职院校学生职业道德生成机制的递减状态和非递减状态并存的情况。根据三个阶段及其转换过程，我们可以把相关具体的标志事物罗列如下。

第一阶段运行系数（Ar）的具体标志事物：

其一，产业端明文规定的职业道德规范。

其二，产业端职业道德实践情况。

在不同时间点两者的符合程度标识着第一阶段的 Ad_0 与 Ad_1。通常情况下，产业端明文规定的职业道德规范强有力地约束了产业端职业道德实践情况。由于数字技术应用提高了数据处理的效率，并能够以数字模拟的方式推演职业道德未来发展趋势，所以明文规定的职业道德规范可能超越产业端现状的职业道德而符合未来的职业道德。那么，Ar 既可能小于1，也可能等于1或者大于1，即 Ad_1 可能小于、等于或者大于 Ad_0。

第一阶段与第二阶段转换系数（α_1）的具体标志事物：

其一，高职院校教育教学规范中对学生职业道德教育的规定。

其二，产业端明文规定的职业道德规范。

在不同时间点两者的符合程度标识着第一阶段向第二阶段转换的情况。通常情况下，高职院校基于产业端明文规定的职业道德规范设计教育教学规范中对职业道德的规定，并实施教学实践活动。由于数字技术应用提高了数据处理的效率，高职院校教师教学团队不仅通过数字化方式掌握产业端职业道德情况，而且有可能比产业端更快地研究职业道德未来发展趋势，所以高职院校教师对产业端职业道德研究情况及其成果可能超越产业端明文规定的职业道德规范。高职院校教师教学团队极有可能把自身对产业端职业道德的研究情况及其成果纳入人才培养方案等教育教学规范文件，从而促使高职院校教育教学规范中对学生职业道德教育的规定符合未来的职业道德，进而超越产业端明文规定的职业道德规范。那么，α_1 既可能小于 1，也可能等于 1 或者大于 1，即 Bd_0 可能小于、等于或者大于 Ad_1。

第二阶段运行系数（Br）的具体标志事物：

其一，高职院校学生职业道德教学场景构建情况。

其二，高职院校教育教学规范中对学生职业道德教育的规定。

在不同时间点两者的符合程度标识着第二阶段的 Bd_0 与 Bd_1。通常情况下，教师根据学校规定的制度文件预先构建职业道德教学场景，并实施教学实践活动。数字技术推动职业工作场景与职业教育场景融合，使得高职院校教师教学团队在构建具体职业道德教学场景时可能超越高职院校教育教学规范中对学生职业道德教育的规定。其关键因素是高职院校教师教学团队掌握了产业端职业道德的现状和未来趋势，并在人才培养方案等教育教学规范文件吸收这些最新职业道德教育教学研究成果之前用于了职业道德教学场景构建工作。那么，Br 既可能小于 1，也可能等于 1 或者大于 1，即 Bd_1 可能小于、等于或者大于 Bd_0。

第二阶段与第三阶段转换系数（α_2）的具体标志事物：

其一，高职院校学生职业道德教育教学实践活动及其过程资料。

其二，高职院校学生职业道德教学场景构建情况。

在不同时间点两者的符合程度标识着第二阶段向第三阶段转换的情况。通常情况下，教师在预先构建的职业道德教学场景实施教学实践活动。数字时代给予了高职院校教师教学团队接触、研究和推演产业端职业道德现状及发展趋势的机会。高职院校教师可能在构建职业道德教学场景之前就将其先用于职业道德教育教学实践，也就是高职院校学生职业道德教育教学实践活动及其过程资料可能超越预设构建的职业道德教学场景。那么，α_2既可能小于1，也可能等于1或者大于1，即Cd_0可能小于、等于或者大于Bd_1。

第三阶段运行系数（Cr）的具体标志事物：

其一，学生习得职业道德的效果。

其二，高职院校学生职业道德教育教学实践活动及其过程资料。

在不同时间点两者的符合程度标识着第三阶段的Cd_0与Cd_1。通常情况下，学生在预先构建的职业道德教学场景开展学习活动。数字技术的广泛应用给予了学生广泛接触和掌握产业端职业道德现状及其未来趋势的机会。高职院校构建的职业道德教育教学场景及教师教学团队提供的资料不再是学生获得产业端职业道德发展情况的唯一通道。学生的自主学习使得其自身习得职业道德的效果可能超越高职院校学生职业道德教育教学实践活动及其过程资料所体现的效果。那么，Cr既可能小于1，也可能等于1或者大于1，即Cd_1可能小于、等于或者大于Cd_0。

我们将上述三个阶段及其两个转换过程的具体标志事物进行归类，可以得到六个具体标志事物：第一，产业端职业道德实践情况。第二，产业端明文规定的职业道德规范。第三，高职院校教育教学规范中对学生职业道德教育的规定。第四，高职院校学生职业道德教学场景构建情况。第五，高职院校学生职业道德教育教学实践活动及其过程资料。第六，学生习得职业道德的效果。这六个具体标志事物可以对应三个阶段及其两个转换过程的数据，表示数字时代高职院校学生职业道德生成机制的状态，具体见表4-3。

表4-3　　　　　具体标志事物及对应符号与状态数据

序号	具体标志事物	对应的符号	对应的状态数据
1	产业端职业道德实践情况	Ad_0	数字化职业工作场景中职业道德呈现情况的初始数据
2	产业端明文规定的职业道德规范	Ad_1	数字化职业工作场景中职业道德运行后呈现的结果数据
3	高职院校教育教学规范中对学生职业道德教育的规定	Bd_0	数字化教育教学场景中学生职业道德教育规范呈现的初始数据
4	高职院校学生职业道德教学场景构建情况	Bd_1	数字化教育教学场景中学生职业道德教育规范应用的结果数据
5	高职院校学生职业道德教育教学实践活动及其过程资料	Cd_0	学生习得职业道德呈现情况的初始数据
6	学生习得职业道德的效果	Cd_1	学生习得职业道德运行后呈现的结果数据

显然，产业端职业道德实践情况与产业端明文规定的职业道德规范取决于产业端。Ar则代表了产业端促使明文规定的职业道德规范切合职业道德实践所作的努力。高职院校教育教学规范中对学生职业道德教育的规定、高职院校学生职业道德教学场景构建情况、高职院校学生职业道德教育教学实践活动及其过程资料、学生习得职业道德的效果则取决于学校教育教学。Br、Cr与α_2则代表了高职

院校、教师教学团队和学生自身促使学生习得职业道德切合职业道德实践所做的努力。α_1 则表示了教育与产业端的接口。在数字时代，α_1 可能大于 1 则说明作为职业道德教育端的高职院校不再只是单向地接受产业端给出的明文的职业道德规范，而是有可能超越产业端现状、趋近于职业道德未来的趋势。我们通过这六个具体标志事物可以把三个阶段及其两个转换过程联系成为一个整体，从而呈现数字时代高职院校学生职业道德生成机制系数（β）的概貌，如图 4-10 所示。

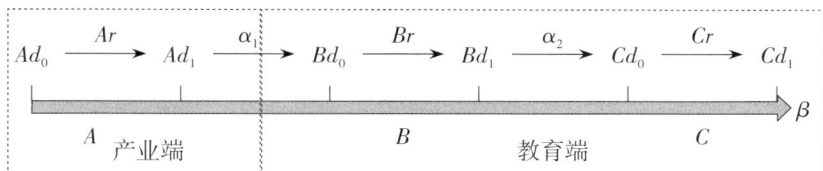

图4-10　数字时代高职院校学生职业道德教育生成机制系数（β）的概貌

我们观察图 4-10 可以发现：第一，依然可以 Ad_0、Ad_1、Bd_0、Bd_1、Cd_0、Cd_1 表示三个阶段及其两个转换过程的 6 个具体标志事物，而不会影响我们理解生成机制系数（β）的内涵。当然，我们必须清楚 6 个具体标志事物只是三个阶段及其两个转换过程的数据的代表，而不是全部。如有必要，完全可以选择其他具体标志事物代表三个阶段及其两个转换过程的数据。第二，高职院校学生职业道德教育生成机制系数（β）的概貌说明在数字时代产业端与教育端完全可能"跨界融合"，而且这种融合驱使产业端与教育端不仅要业内竞争，更要跨界竞争。由此推而广之，我们认为数字技术的广泛应用将持续提高数据使用效率、增加数据应用场景，从而降低数据使用成本和使用门槛。这必将给予各行业跨界融合的机会，表现为各行业可以获得、应用其他行业的数据。这意味着在数字时代高职院校学生职业道德教育过程中产业端和教育端必须做好各自业内工作，否则其他行业变化会越过界线来参与"分内"之事。我们通过量化分析6个具体标志事物的相关数据，进而可以量化分析数字时代高职院校学生职业道德生成机制系数（β）。这样可以大致揭示当前高职院校学生职业道德教育过程中产业端和教育端业内工作的情况和跨界的程度。为获得这6个具体标志事物的数据，我们必须开展收集文献资料、调查及实验教学等工作。

第五章

高职院校学生职业道德教育生成机制
具体标志事物的数据来源

如果我们要准确分析某类事物，那么必须获得足够、可靠的数据。在数字时代，我们可以通过多种途径获得高职院校学生职业道德教育生成机制的6个具体标志事物的相关数据。根据这6个具体标志事物的主要形成领域，我们可以将其区分为产业端和教育端两部分。其中，产业端职业道德实践情况、产业端明文规定的职业道德规范的数据来源主要在产业端，高职院校教育教学规范中对学生职业道德的规定、高职院校学生职业道德教学场景构建情况、高职院校学生职业道德教育教学实践活动及其过程资料、学生习得职业道德的效果的数据来源主要在教育端。

第一节 产业端具体标志事物的数据来源

一、产业端职业道德实践情况的数据来源

从分析数字时代高职院校学生职业道德教育生成机制的角度来看，产业端职业道德实践情况是起点。产业端职业道德实践情况的数据能够说明产业端岗位工作中职业道德实践情况，既包括岗位工作遵守明文规定的职业道德的情况，也包括岗位工作实践中形成的新的职业道德。职业道德实践情况的具体标志事物是"产业端职业道德实践情况"，代表"数字化职业工作场景中职业道德呈现情况的初始数据"（Ad_0）。产业端职业道德实践情况的作用就是促使企业制度中职业道德的规定在研究数字时代高职院校学生职业道德教育生成机制的时间范围之前有重要变化，而且在本节后续"职业道德规范的数据来源"部分中采取的文本分析法和专家访谈都显示这个时间点企业制度中职业道德的规定有重要变化，那么我们可以把这些重要变化标注为数字时代高职院校学生职业道德教育生成机制的外部影响因素。这些

外部影响因素极有可能随着企业制度中职业道德的规定逐步调整且逐渐切合岗位实践情况而减少甚至消失。我们可以持续观察未来一段时间"数字化职业工作场景中职业道德运行后呈现的结果数据（Ad_1）"的波动幅度是否减少来判断这些重要变化是否被产业端岗位职业道德实践"接受"[①]。如果Ad_1的波动幅度逐渐收窄，则表示企业制度中职业道德的规定符合相应岗位实践工作的共同行为准则和规范需要；如果Ad_1的波动幅度没有收窄，则表示企业制度中职业道德的规定不太符合相应岗位实践工作的共同行为准则和规范需要，企业需要进一步调整管理制度中相关岗位职业道德的规定。为便于分析，我们需要把企业制度中职业道德的规定的重大变化设置为数字时代高职院校学生职业道德教育生成机制系数（β）的外部变量（以下简称外部变量），表示为ω。当ω逐渐趋近于0，则研究数字时代高职院校学生职业道德教育生成机制的时间范围之前企业制度中职业道德的规定符合相应岗位实践情况。从企业长期生产经营的过程来看，我们可以把ω当作短期存在的事物。为此，我们可以把ω作为Ad_1的调整数值，进而采取标准化等方式，设定"产业端明文规定的职业道德规范"代表的"数字化职业工作场景中职业道德运行后呈现的结果数据"（Ad_1）的值为1减去ω。例如，假定某个具体岗位职业道德文本分析在一定时间范围内内容发生了重大变化，而且专家访谈证实了这个重大变化的情况，ω为0.3，那么：

$$Ad_1 = 1 - \omega = 0.7$$

如果企业制度中职业道德的规定在一定时间范围内没有重要变化，那么我们可以直接设定"产业端职业道德实践情况"代表的"数

[①]　"接受"应包括两种情况：一是产业端岗位职业道德实践先于企业制度中职业道德的规定，即在实践中员工已经按照一定共同行为准则和规范来完成工作的操作规程，而后逐步体现为企业制度中职业道德的规定；另一个是某个企业学习和借鉴了行业职业道德或者其他企业制度中的职业道德规定完善了自身制度中的职业道德规定，在推广实践中需要员工遵守这些新的规定。

字化职业工作场景中职业道德呈现情况的初始数据"（Ad_0）的值为1。

职业道德实践情况的数据存在于产业端岗位工作实践之中。获取某个岗位职业道德实践情况的数据的直接方式是调研相应岗位工作人员、客户等。职业道德实践情况的数据调研主要面向企业生产经营中岗位职业道德的遵守情况，即在具体岗位工作实践中是否遵守企业制度中规定的职业道德及其程度。这部分调研与后述职业道德规范中的文献分析、专家访谈形成对称的数据闭环。虽然这两部分调研面向的事物都是企业制度中职业道德的规定与岗位工作中职业道德实践情况，但职业道德实践情况的数据调研是从岗位工作实践出发调查岗位工作中职业道德实践与制度规定差异的情况，而职业道德规范的数据调研是从企业制度中职业道德的规定出发调查制度在岗位工作实践中遵守的情况。当然，这两部分调研的数据可以相互印证。下面是我们使用过的两份调查问卷：一是面向电子商务营运岗位员工的调查问卷，二是面向电子商务客服岗位对客户的调研问卷。

电子商务营运岗位员工的调查问卷

1.您的岗位是_____。

2.您在现岗位_____年。

3.您从业_____年。

4.您是否深入了解电商行业的职业道德规范？

A.是

B.否

5.在日常工作中，您认为进行职业道德教育有必要吗？

A.有

B.无

C.无所谓，对自身影响不大

6.您觉得职业工作中需要靠职业道德来约束自己的行为吗？

A.不需要，自身自律性很强

B.健康的职业生涯需要以此作为督促

C.职业生涯与职业道德无关

7.您是否乐于从事电商营运中××岗位工作？

A.乐于，兴趣所在

B.一般

C.希望能从事更擅长的工作

8.您认为单位制度中的职业道德规定符合您工作的实际情况吗？

A.是

B.否

（回答"是"则跳转至第12题，回答"否"则按顺序回答）

9.您认为单位制度中的哪些职业道德规定不符合您工作的实际情况，请列举_____。

10.您认为单位需要在____内修改制度。

A.1月

B.1季

C.1年

11.您认为电商职业生涯中最主要的道德规范包含以下哪些？（可多选）

A.爱岗敬业

B.诚实守信

C.假公济私

D.服务群众

E.奉献社会

F.以权谋私

12.当您发现同事有违反职业道德的行为时，您会怎么做？

A. 当面指出，劝导其端正作风

B. 当面不说，事后当聊天话题

C. 向领导反映

13. 在电商运营工作中，若面临利益与职业道德的冲突，您的选择是？

A. 首选利益

B. 首选职业道德

C. 权衡二者利弊再做选择

14. 您认为电商行业的职业道德主要体现在哪些方面？（可多选）

A. 诚信经营

B. 遵守法律法规，不打法律擦边球

C. 具有一定的社会责任感

D. 人性化服务

E. 按时缴税，不偷税漏税

F. 不盲目营销，合理宣传产品

15. 您认为直播电商运营工作实践中应具备的最重要的职业道德是什么？（可多选）

A. 诚实守信

B. 保守企业机密

C. 遵守法律法规

D. 尊重知识产权

E. 其他（请注明_____）

16. 如果由您代表公司面试电商营运人员，是否会明确提出职业道德要求？

A. 是，且要求严格

B. 是，但要求较宽松

C.否

17.您认为电商从业者泄露客户信息这种行为违背职业道德吗？

A.绝对违背，严重损害客户权益和公司信誉

B.视情况而定

C.不违背，只要没造成严重后果就行

18.对于电商平台上虚假宣传商品功效的现象，您的看法是？

A.严重违反职业道德，应严厉制止

B.为了销售可以理解，但要适度

C.行业普遍现象，无所谓

19.在团队合作中，您认为团队内部的共同行为准则重要吗？

A.非常重要，关乎团队协作效率和成果

B.比较重要，对工作有一定帮助

C.一般重要，不影响大局就行

D.不重要

20.您认为电商企业制定的职业道德准则对员工的行为有约束作用吗？

A.作用很大，员工普遍遵守

B.有一定作用，但部分员工不遵守

C.作用很小，基本没人在意

D.完全没作用

电子商务客服岗位对客户的调研问卷

1.您在与客服沟通时，是否遇到过客服虚假承诺商品相关信息的情况？

A.经常遇到

B.偶尔遇到

C.从未遇到

2.您认为客服在回复咨询时，对产品信息避重就轻的行为违背职业道德吗？

A.完全违背

B.有点违背，但可以理解

C.不违背

3.您是否遇到过客服在沟通中使用不文明语言的情况？

A.是

B.否

4.如果客服在交流中表现出不耐烦，您觉得这属于职业道德问题吗？

A.属于，严重影响服务体验

B.不完全属于，可能当天心情不好

C.不属于，只要解决问题就行

5.您向客服反馈问题后，客服拖延处理，您认为这违背职业道德吗？

A.肯定违背，没有尽到职责

B.看情况，也许有客观原因

C.不违背，处理时间不影响结果

6.客服在未经您同意的情况下，将您的信息透露给第三方，您会_____。

A.投诉该客服和平台

B.不再在该平台购物

C.视情况而定

7.您觉得客服为了促成订单，夸大商品功效，这种行为_____。

A.严重违反职业道德

B.可以理解，为了业绩

C.正常营销手段，不违规

8.当您要求客服提供商品的详细检测报告，客服拒绝提供，您认为＿＿＿。

A.是客服不专业、不负责的表现

B.可能报告涉及商业机密，可接受

C.无所谓，不影响购买

9.您认为客服在处理不同客户的问题时，区别对待，这种做法＿＿＿。

A.违背职业道德，对客户不公平

B.看情况，也许有特殊原因

C.正常，客服有自己的判断

10.客服在与您沟通时，频繁推销其他商品，您觉得＿＿＿。

A.过于功利，影响沟通体验

B.可以接受，可以了解更多产品

C.无所谓，不关注推销内容

11.您是否遇到过客服在解决问题时，推诿责任给其他部门或同事的情况？

A.是

B.否

12.客服在回复您的咨询时，多次出现错误信息，您认为这是职业道德问题吗？

A.是，说明工作不认真

B.不是，可能是疏忽

C.不确定

13.如果客服在聊天中诱导您购买超出您需求的商品，您会＿＿＿。

A.直接拒绝并投诉

B.考虑自身需求再决定

C.听从客服建议购买

14.您认为客服在处理客户投诉时，偏袒商家的行为是____。

A.严重违背职业道德，损害客户利益

B.可能有难言之隐，可理解

C.不了解，不好判断

15.客服在为您提供服务过程中，中途长时间无回应，您觉得____。

A.非常不专业，缺乏职业道德

B.可能有突发情况，可等待

C.不影响，只要最终解决问题

16.您是否遇到过客服在未解决您问题的情况下，就结束对话的情况？

A.是

B.否

17.客服在处理问题时，对您进行威胁或恐吓，您会怎么做？

A.立即向平台投诉

B.报警处理

C.先与客服沟通，再决定下一步

18.您觉得客服在工作中泄露平台商业机密给竞争对手，这种行为____。

A.不可原谅，严重违反职业道德和法律

B.不清楚具体情况，不好评价

C.与自己无关，不关心

19.客服在与您沟通时，传播负面情绪，您认为____。

A.违背职业道德，影响服务氛围

B.可以理解，客服也有情绪

C.不影响，关注问题的解决

20.当您询问客服商品库存时，客服故意隐瞒了真实库存情况，您的感受是____。

A.非常生气，觉得被欺骗

B.有些不满，但不影响购买

C.无所谓，不关注库存

如果我们获得足够多的数据，那么可以采取量化方法确定数字化职业工作场景中职业道德呈现情况的初始数据（Ad_0），从而为后续分析提供起点。面向多类主体调研同一类岗位职业道德实践情况而获得的数据可以相互印证，从而提高数据的有效性。

二、职业道德规范情况的数据来源

我国职业分类大典 2022 年版比 2015 年版增加了法律事务及辅助人员等 4 个中类，数字技术工程技术人员等 15 个小类，碳汇计量评估师等 155 个职业（含 2015 年版大典颁布后发布的新职业）。2022年版大典的一个亮点，就是首次标注了数字职业（标注为 S）。数字职业是从数字产业化和产业数字化两个视角，围绕数字语言表达、数字信息传输、数字内容生产三个维度及相关指标综合论证得出。标注数字职业是我国职业分类的重大创新，对推动数字经济、数字技术发展以及提升全民数字素养，具有重要意义。2022 年版大典中共标注数字职业 97 个。

职业道德不仅是一种内在的道德约束，更是通过法律框架得以外化和强制执行的社会规范。法律框架下的职业道德规范通常体现在通用性法律条文、行业特定法规、行政规章与指导性文件等方面。这些法律文件详细列出了各自行业的职业道德要求。针对不同行业特点，国家或地区会出台专门的行业特定法规，明确规定该行业内从业人员应遵守的职业道德标准。例如我国《会计法》第三十七条要求会计人员应当遵守职业道德。2023年1月12日，财政部印发了《会计人员职业道德规范》，列出了三条：

1.坚持诚信，守法奉公。牢固树立诚信理念，以诚立身、以信立业，严于律己、心存敬畏。学法知法守法，公私分明、克己奉公，树立良好职业形象，维护会计行业声誉。

2.坚持准则，守责敬业。严格执行准则制度，保证会计信息真实完整。勤勉尽责、爱岗敬业，忠于职守、敢于斗争，自觉抵制会计造假行为，维护国家财经纪律和经济秩序。

3.坚持学习，守正创新。始终秉持专业精神，勤于学习、锐意进取，持续提升会计专业能力。不断适应新形势新要求，与时俱进、开拓创新，努力推动会计事业高质量发展。

再如，《中华人民共和国医师法》第三条要求医师应当坚持人民至上、生命至上，弘扬敬佑生命、救死扶伤、甘于奉献、大爱无疆的崇高职业精神，具备良好的职业道德和医疗执业水平，履行防病治病、保护人民健康的神圣职责；《中华人民共和国律师法》第三条要求律师执业必须遵守宪法和法律，恪守律师职业道德和执业纪律。除了行业特定法规外，还有一些普遍适用的法律条文，如《中华人民共和国民法典》中的诚实信用原则，以及《刑法》中关于职务侵占罪的规定都是对职业道德的基本要求，旨在防止不正当行为的发生。政府部门还会发布一系列行政规章和指导性文件，细化职业道德的具体操作标准，为从业人员提供行为指南。比如，2018年6月27日证监会令第145号公布了《证券期货经营机构及其工作人员廉洁从业规定》，明确了证券期货经营机构及其工作人员在开展证券期货业务及相关活动中，严格遵守法律法规、中国证监会的规定和行业自律规则，遵守社会公德、商业道德、职业道德和行为规范，公平竞争，合规经营，忠实勤勉，诚实守信，不直接或者间接向他人输送不正当利益或者谋取不正当利益。通过多层次、多维度的法律框架，职业道德得到了有效的制度保障，不仅提高了从业人员的专业素质，也增强了公众对相关行业的信任感。在数字时代，数字技术推动许多职业快速数字化转型，职业道德也面临相应的转型发展。2021年12月30日，中国网络社会组织联合会第一届会员代表大会第三次会议审议通过《互联网行业从业人员职业道德准则》，倡导互联网行业从业人员规范职业行为，加强职业道德建设。成熟的职业均有对应的职业道德，而且职业道德随着职业发展而进步。

许多企业根据法规、行业规范的职业道德结合自身业务实践情况制定具体工作岗位职业道德的共同行为准则和规范。这些具体工作岗位的职业道德多数体现在岗位手册、操作规范等具体文件之中。例如，某企业销售岗位手册列举的10条主要职责均含有职业道德，具体包括：

1.必须敬业爱岗，敢于吃大苦、耐大劳，同时自觉遵章守纪，遵法守法，服从领导。

2.严格遵守企业的规章制度及保密制度。

3.必须在遵循职业道德规范下进行商业运作，积极深入市场、了解市场、开拓市场。

4.必须诚信对待公司及客户。

5.深入了解本公司的产品性能、特点，对客户进行耐心细致的讲解。

6.严格执行公司定价，不得乱提价或降价，保持公司价位的稳定。

7.树立对本公司高度负责的精神，增强货款资金及时回笼意识，对不及时回笼的货款，公司要积极采取有力措施。

8.营销过程中，不得损害公司和客户的利益。

9.严禁用公款请吃，要严肃财务纪律，由于个人行为造成后果的由个人负责赔偿经济损失，损害公司和客户利益的予以辞退，情节严重的要追究法律责任。

10.树立客户至上的思想，加强回访沟通。

我们借助高职院校专业人才需求调研和毕业生就业调研等，发现几乎所有企业的所有岗位均以内部制度等方式明文规定了岗位的具体行为准则和规范。法规、行业规范中的职业道德在比较长的时间内不会发生变化，而企业制度中的职业道德则会随着企业经营业务的发展而发生变化。相对于法规、行业规范中的职业道德，企业制度中的职业道德融入了岗位工作及其技术操作之中，体现了企业生产经营的实践情况，如某餐饮企业实现点餐数字化后员工基本职业道德要求中增加的信息交流的行为准则是：

1.诚实守信

员工应始终保持诚实，不得在工作中弄虚作假、谎报信息。无论是与顾客交流，还是在内部的工作汇报中，都要提供真实准确的信息。

2.保守秘密

员工对餐厅的商业机密、顾客信息、菜品配方等要严格保密，不得泄露给任何无关人员。

3.爱岗敬业

员工要对自己的工作充满热情，积极主动地完成各项任务，不得敷衍了事、消极怠工。

由于企业制度中的职业道德规定会随着业务发展而产生变化，所以我们可以将企业制度中职业道德规定的变化作为"产业端明文规定的职业道德规范"的动态数据，即变化之后的职业制度中的职业道德规定代表了"数字化职业工作场景中职业道德运行后呈现的结果数据"（Ad_1）。我们可以先采取文本分析法对比企业制度中职业道德规定的变化，大致确定"产业端明文规定的职业道德规范"作为"数字化职业工作场景中职业道德运行后呈现的结果数据"具体标志事物的原始数据；然后，辅以专家访谈法，通过专家打分等途径进一步确认"产业端明文规定的职业道德规范"的原始数据；最后，通过量化方法确定 Ad_1 的数值。下面给出一个具体的专家访谈提纲的例子。

专家，您好。我们将围绕贵公司制度中涉及［目标岗位］的职业道德进行访谈，具体将围绕公司制度中涉及［目标岗位］职业道德的规定的变迁、现状、未来趋势等方面进行广泛交流。下面我们开始：

1.回顾过往，您认为贵公司［目标岗位］职业道德的具体规定在公司管理制度中经历了哪些关键的变革阶段？每个阶段变革的主要推动因素有哪些？

2.当前，［目标岗位］在执行职业道德规定时，最突出的矛盾点集中在哪些方面？贵公司采取了哪些针对性措施来解决这些矛盾？

3.在不同时间里，贵公司［目标岗位］的职业道德规定在具体内容和执行力度上存在哪些显著差异？背后的影响因素是什么？

4.随着社会文化的演变，贵公司［目标岗位］的职业道德价值观发生了哪些明显变化？这些变化如何影响该岗位的工作方式和与其他部门的协作关系？

5.法律法规的更新对贵公司［目标岗位］的职业道德规定产生了怎样的影响？贵公司是如何依据新法规调整该岗位的职业道德规范的？

6.贵公司［目标岗位］的员工对现行职业道德规定的接受程度如何？他们反馈的主要问题有哪些？这些反馈对贵公司的管理决策有何

影响？

7.在经济全球化的大环境下，贵公司在适应不同国家和地区的文化差异时［目标岗位］的职业道德规定遇到了哪些挑战？贵公司是如何化解这些挑战的？

8.您认为在未来的数字化时代，新一代信息技术会给贵公司［目标岗位］的职业道德规定带来哪些新的问题和风险？贵公司应如何提前应对？

9.基于对行业发展的观察，对于贵公司完善［目标岗位］的职业道德规定，您有哪些具有前瞻性的建议？这些建议将如何帮助贵公司提升该岗位的工作效能和贵公司整体形象？

在我们探讨的问题之外，您是否还有需要补充的？

如果您对这些问题及其深度、方向等方面有什么调整意见，都可以随时联系我，这会进一步优化我们的工作。谢谢您！

如果我们确定好了Ad_0和Ad_1的数值，根据式4.1，可以得到Ar：

$$Ar=Ad_1 \div Ad_0$$

显然，在数字时代Ar可能小于1，也可能等于或者大于1。如果Ad_1的值小于Ad_0，会出现Ar小于1，那么说明在研究数字时代高职院校学生职业道德生成机制的过程中产业端明文规定的职业道德规范对产业端职业道德实践的指导作用比较弱，即职业道德规范落在了职业道德实践的后面。这符合实践先于认识的规律：职业道德是人类社会的一种共同认识。如果Ad_1的值大于或者等于Ad_0，会出现Ar等于或者大于1，那么说明在研究数字时代高职院校学生职业道德生成机制的过程中产业端明文规定的职业道德规范对产业端职业道德实践具有很好的指导作用，即职业道德规范走在了职业道德实践的前面。在数字时代，数字技术广泛应用给予了科研人员长期深入产业端职业道德实践一线，进而科学地掌握职业道德实践趋势的更多机会，从而出现职业道德规范优于职业道德实践的情况。这种情况的深层次原因是以数字技术广泛应用为代表的人类科技进步。

第二节 教育端具体标志事物的数据来源

一、高职院校教育教学规范中对学生职业道德教育的规定

高职院校是我国职业教育的主阵地之一。高职院校人才培养质量对产业升级、企业生产经营进步有重要影响。高职院校学生职业道德教育是人才培养的重要组成部分。国家出台了高职院校教学管理、学生管理、财务管理等政策文件，多数涉及高职院校学生职业道德。例如，2019年国务院出台的《国家职业教育改革实施方案》（国发〔2019〕4号）要求"把发展高等职业教育作为优化高等教育结构和培养大国工匠、能工巧匠的重要方式，使城乡新增劳动力更多接受高等教育。""以学习者的职业道德、技术技能水平和就业质量，以及产教融合、校企合作水平为核心，建立职业教育质量评价体系。"2023年中共中央办公厅、国务院办公厅印发的《关于深化现代职业教育体系建设改革的意见》要求"切实提高职业教育的质量、适应性和吸引力，培养更多高素质技术技能人才、能工巧匠、大国工匠""大力培育和践行社会主义核心价值观，健全德技并修、工学结合的育人机制，努力培养德智体美劳全面发展的社会主义建设者和接班人。""挖掘和宣传基层一线技术技能人才成长成才的典型事迹。"

高职院校根据国家政策法规，围绕人才培养和课程教学，建立了教育教学规范及其管理制度。高职院校这些制度文件包含了对学生职业道德教育的一系列规定。高职院校教育教学规范中对学生职

业道德教育的规定主要体现在人才培养方案、课程标准、课堂教学管理制度、学生管理制度、教学场所管理制度、校园文化环境等制度文件之中。这些规定不仅明确了学生职业道德教育的内容和目标，还具体规定了课程教学和人才培养规格，确定了学生职业道德教育的主要方式和评价方法。例如，某高职院校大数据与会计专业（中高职贯通三二对接）人才培养方案中的人才培养目标强调了职业道德教育：

本专业落实立德树人根本任务，推进思政课程与课程思政同向同行，培养思想政治坚定、德智体美劳全面发展，具有社会主义核心价值观和家国情怀，具备一定科学文化水平，良好的人文素养、职业道德和创新意识，精益求精的工匠精神，较强的就业能力和可持续发展能力，紧跟新形势下产业转型升级发展需要，掌握会计、审计、税务、管理、信息技术、大数据与财务应用等财经知识，熟悉会计核算、财务报告、税务处理、审计鉴证等技能；能够服务区域经济发展领域，从事企事业单位日常会计处理、合理报税、财务管理等工作的复合型技术技能人才。

在该人才培养方案的中职学段专门开设了《职业道德与法治》，高职学段专门开设了《财经法规与会计职业道德》，详细介绍了会计工作岗位的职业道德。该专业人才培养方案设计的其他主要课程教学目标和教学内容均突出了职业道德教育教学。

通过分析这些制度文件，可以发现该具体高职院校教育教学规范中对学生职业道德教育的规定与高职院校学生职业道德教学场景构建情况和产业端明文规定的职业道德规范之间存在的差异。其中，高职院校教育教学规范中对学生职业道德教育的规定与产业端明文规定的职业道德规范之间的差异，主要体现了高职院校学生职业道德教育生成机制过程中第一阶段与第二阶段的转换情况，构成了转换系数

（α_1）；高职院校教育教学规范中对学生职业道德教育的规定与高职院校学生职业道德教学场景构建情况之间的差异，主要体现了高职院校学生职业道德教育生成机制过程中第二阶段起点与终点的动态变化情况，构成了第二阶段运行系数（Br）。

我们可以采取文本分析法对比不同高职院校、同一高职院校不同时间段教育教学规范中对学生职业道德教育的规定，进而大致确定"高职院校教育教学规范中对学生职业道德教育的规定"作为"数字化教育教学场景中学生职业道德教育规范呈现的初始数据"（Bd_0）具体标志事物的原始数据；然后，辅以专家访谈法和面向师生的调查分析[1]，进一步确认"高职院校教育教学规范中对学生职业道德教育的规定"的原始数据；最后，通过量化方法确定Bd_0的数值。结合第一阶段已经确定的Ad_1的值，根据式4.2，可以得到α_1：

$$\alpha_1 = Bd_0 \div Ad_1$$

显然，在数字时代α_1可能小于1，也可能等于或者大于1。如果Bd_0的值小于Ad_1，会出现α_1小于1，那么说明在研究数字时代高职院校学生职业道德生成机制的过程中高职院校教育教学规范中对学生职业道德教育的规定要弱于产业端明文规定的职业道德规范，即教育端学生职业道德教育的制度规范落在了产业端职业道德规范的后面。这符合教育滞后于产业的情况。如果Bd_0的值大于或者等于Ad_1，会出现α_1等于或者大于1，那么说明在研究数字时代高职院校学生职业道德生成机制的过程中高职院校教育教学规范中对学生职业道德教育的规定要领先于产业端明文规定的职业道德规范，即教育端学生职业道德教育的制度规范走在了产业端职业道德规范的前面。在数字时代，数字技术广泛应用给予了高职院校教学科研人员长期深入产业端职业

---

[1] 由于教育端具体标志事物的数据来源与专家访谈提纲面向的群体一致，可以放在同一访谈提纲之中。师生调查问卷也可以采取同一方式处理。

道德实践一线，进而科学地掌握职业道德实践趋势的更多机会，从而出现教育端学生职业道德教育的制度规范走在了产业端职业道德规范的前面的情况。这种情况的基础还是数字技术广泛应用为高职院校教师教学团队深入产业端一线岗位实践提供了机会。

二、高职院校学生职业道德教学场景构建情况

高职院校学生职业道德教学场景包括各类课程教学的设备设施、教学资料、职业文化环境，也包括学生宿舍、食堂、校园等育人环境等。由于高职院校专业课程包括大量实践教学，而实践教学突出了职业工作环境，所以专业课程实践教学环境是高职院校学生职业道德场景的重要载体。高职院校的专业课程实践教学可以在校内实践场所实施，也可以在校外实践场所实施。例如，一些高职院校的客服管理课程教学与银行、电信等的客户部门工作实践相结合，把真实的业务以数字化方式引入校内课堂；有些高职院校借助"618"等企业临时用工高峰期承接电商营运工作、快递分拣工作，作为专业课程实践教学的选项。这些进入到高职院校课程教学的实践教学以真实性的岗位环境和工作流程受到了师生好评。这些融合了工作岗位实践的高职院校专业课程教学必然把产业端职业道德规范带到学生职业道德教学之中。例如，有的企业实践教学项目在工作场所设置了安检程序，张贴了守时、敬业等标语，悬挂了岗位工作责任等制度；有的企业实践教学项目在岗前培训中明确了工作流程和操作规程，要求参加实践的师生必须严格遵守安全生产、文明经营等职业道德；有的企业实践教学项目实施前要求师生保守商业机密，尤其注重对客户资料的保密；有的企业实践教学项目在实践教学活动中采取生产标兵、经营之星等评先活动，在实践教学后给予奖状、奖品和奖金，并组织团建活动，突出了团结、勤劳、精益求精等职业道德；有些学生在企业实践教学项

目提出了工艺改进、服务流程优化等工作建议，得到了企业表彰。在数字时代，许多高职院校的教育教学与产业端工作实践联系越来越紧密。

有些高职院校在教学场所走廊等醒目处悬挂行业著名企业家画像，在宣传栏中展示学校优秀毕业生图片和先进事迹，在实训室、教室墙壁上张贴反映经典职业道德的短文和体现工匠精神的标语。例如，有的高职院校理实一体化的教室悬挂唐代韩愈的名言："业精于勤，荒于嬉；行成于思，毁于随。"有的高职院校在实训室贴出李大钊的名言："人生求乐的方法，最好莫过于尊重劳动。一切乐境，都可由劳动得来，一切苦境，都可由劳动解脱。"有的高职院校在校内建设专业发展历史文化场所，通过向学生宣传职业在国家建设和社会经济发展中的标志性人物和事件，提高学生的职业认同感和自豪感，培育学生的职业兴趣和爱岗敬业等职业道德。高职院校通过多种制度为学生职业道德教育提供了良好的教育环境。

高职院校课程教学使用的教材、讲义等也是学生职业道德教学场景的重要组成部分。例如，大数据与会计专业的"财经法规与会计职业道德"课程一方面详细介绍了《会计法》《注册会计师法》《票据法》《企业所得税法》《企业财务会计报告条例》《总会计师条例》等法律法规，突出法规对会计职业岗位工作的严格要求；另一方面重点介绍了会计职业道德规范的主要内容，包括爱岗敬业、诚实守信、廉洁自律、客观公正、坚持准则、提高技能、参与管理和强化服务等。通过实际案例分析，让学习者理解会计职业道德在实际工作中的重要性和具体应用，培养良好的职业道德素养，引导会计人员在工作中遵守职业道德准则，提高职业操守。《财经法规与会计职业道德》把法规和职业道德结合在一起，形成了高职大数据与会计专业职业道德教学的重要场景。

高职院校学生职业道德教学场景直接受到高职院校教育教学规范中对学生职业道德教育规定的影响。例如，高职院校实践教学场所管理规定决定了专业课程实践教学环境的主要因素；教材管理办法决定了专业课程教学材料选用流程和评价途径。高职院校教师教学团队在学校规章制度之下拥有课程教学的实施权力。高职院校教师教学团队的具体教学设计、教学材料呈现、教学过程组织、教学评价方法等是学生直接面对的职业道德教育场景。因此，教师教学团队具体实施的教学活动是影响高职院校学生职业道德教学场景的另一个关键因素。如果高职院校教师教学团队深入产业端岗位一线实践，并且获得了产业端岗位职业道德的最新发展动态，那么高职院校教师教学团队有可能把这些最新的职业道德教学材料带入学生职业道德教学活动之中。在数字时代，高职院校教师教学团队借助数字技术获得了大量深入产业一线实践的机会。这意味着高职院校学生职业道德教育场景有可能比学校教育教学规范中对学生职业道德教育的规定更切合产业端职业道德实践情况。

　　我们可以采取文本分析法比较分析构成高职院校学生职业道德教学场景的教学材料、教学过程记录，通过观察法分析教学场所、设备设施等情况，进而大致确定"高职院校学生职业道德教学场景构建情况"是"数字化教育教学场景中学生职业道德教育规范应用的结果数据"（Bd_1）具体标志事物的原始数据；然后，辅以专家访谈法和面向师生的调查分析，进一步确认"高职院校学生职业道德教学场景构建情况"的原始数据；最后，通过量化方法确定 Bd_1 的数值。结合已经确定的 Bd_0 的值，根据式4.3，可以得到 Br：

$$Br = Bd_1 \div Bd_0$$

　　显然，在数字时代 Br 可能小于1，也可能等于或者大于1。如果 Bd_1 的值小于 Bd_0，会出现 Br 小于1，那么说明在研究数字时代高职院校学生职业道德生成机制的过程中高职院校学生职业道德教学场景构建情况要弱于高职院校教育教学规范中对学生职业道德教育的规定，即高职院校学生职业道德教学场景的构建处在了高职院校学生职业道德教育的制度规范之下。这符合教育规范高于教学场景的情况。如果Bd_1的值大于或者等于Bd_0，会出现Br等于或者大于1，那么说明在研究数字时代高职院校学生职业道德生成机制的过程中高职院校学生职业道德教学场景构建情况要领先于高职院校教育教学规范中对学生职业道德教育的规定，即高职院校学生职业道德教学场景的构建处在了高职院校教育教学规范中对学生职业道德教育的规定的前面。在数字时代，高职院校教学团队借助数字技术长期深入产业端职业道德实践一线，进而科学地掌握职业道德现状和发展趋势。高职院校教学团队可能把最新掌握的职业道德现状和发展趋势用于教学材料、讲义和教学考核之中进行试点教学。高职院校教学团队最新掌握的职业道德现状和发展趋势可能在进入学校规章制度之前先用于了学生职业道德教学场景构建。

三、高职院校学生职业道德教育教学实践活动及其过程资料

高职院校学生职业道德教育教学实践活动及其过程资料直接作用于学生习得职业道德。学生可能不会注意到高职院校制定人才培养方案和课程标准的制度规范文件，也不一定会注意到高职院校对实践场所建设和使用的制度规范文件，但这些制度规范文件所影响的教学场所环境、教学材料、教学方法、教学程序和教学内容等具体教学活动直接影响学生的学习过程和效果。这些具体教学活动的组织者和实施者是高职院校教师教学团队。如何获取高职院校学生职业道德教育教学实践活动及其过程资料的相关数据？高职院校学生职业道德教育教学实践活动及其过程资料的相关数据存在于教育

端具体教学活动之中。获取某个高职院校学生职业道德教育教学实践活动及其过程资料的相关数据的直接方式包括：一是用文本分析对高职院校学生职业道德教育教学实践活动及其过程资料进行比较分析；二是采用专家访谈方式分析高职院校学生职业道德教育教学实践活动及其过程资料是否切合产业端职业道德现状和发展趋势；三是采取线上调查与线下调查相结合的方式广泛调研相应具体教学活动的教师、教学管理人员、学生等。下面是我们使用过的三份调查问卷：一是面向教师的调查问卷，二是面向教学管理人员的调查问卷，三是面向学生的调查问卷。

面向教师的高职院校学生职业道德教育调查问卷

尊敬的老师：

您好！为了深入了解高职院校学生职业道德教育的现状，提升教育质量，特开展此次问卷调查。您的回答将为我们的研究提供重要参考，请您根据实际情况填写。问卷采用匿名方式，所有数据仅用于统计分析，感谢您的支持与配合！

1.您的教龄是？

A.1～5年

B.6～10年

C.11～15年

D.15年以上

2.您教授的专业是？

A.工科类

B.文科类

C.商科类

D.其他（请注明）_____

3.您认为职业道德教育对高职院校学生是否重要？

A.非常重要

B.重要

C.一般

D.不重要

4.您在日常教学中，是否有意识地融入职业道德教育内容？

A.总是

B.经常

C.偶尔

D.从不

5.您主要通过哪些方式开展职业道德教育？（可多选）

A.课堂讲授

B.案例分析

C.小组讨论

D.实践活动

E.邀请企业人员讲座

F.其他（请注明）_____

6.您认为目前高职院校学生职业道德教育的内容是否丰富？

A.非常丰富

B.比较丰富

C.一般

D.不丰富

7.您在职业道德教育中，遇到的主要困难是什么？（可多选）

A.缺乏合适的教学资源

B.教学方法单一

C.学生积极性不高

D.课时不足

E.其他（请注明）_____

8.您是否参加过关于职业道德教育的培训？

A.是，经常参加

B.是，偶尔参加

C.否

9.您希望通过哪些方式提升自己的职业道德教育能力？（可多选）

A.参加专业培训

B.与同行交流

C.阅读相关书籍和文献

D.参与企业实践

E.其他（请注明）_____

10.您认为企业在学生职业道德教育中应扮演什么角色？（可多选）

A.提供实践机会

B.参与课程设计

C.派遣人员授课

D.提供反馈和建议

E.其他（请注明）_____

11.您是否了解行业内对高职院校学生职业道德的具体要求？

A.非常了解

B.了解一些

C.不太了解

D.完全不了解

12.您在教学中，是否会根据不同专业的特点调整职业道德教育内容？

A.总是

B. 经常

C. 偶尔

D. 从不

13. 您认为学校对学生职业道德教育的重视程度如何？

A. 非常重视

B. 重视

C. 一般

D. 不重视

14. 您对学校目前开展的职业道德教育活动满意吗？

A. 非常满意

B. 满意

C. 一般

D. 不满意

15. 您认为学生的职业道德水平对其就业有影响吗？

A. 影响很大

B. 有一定影响

C. 影响较小

D. 没有影响

16. 您是否会关注学生在实习和实践中的职业道德表现？

A. 总是

B. 经常

C. 偶尔

D. 从不

17. 您认为目前对学生职业道德教育效果的评价方式合理吗？

A. 非常合理

B. 比较合理

C.一般

D.不合理

18.您希望学校在学生职业道德教育方面提供哪些支持？（可多选）

　　A.提供更多的教学资源

　　B.组织教师培训

　　C.加强与企业的合作

　　D.建立完善的评价体系

　　E.其他（请注明）＿＿＿＿＿＿＿

19.您对高职院校学生职业道德教育有什么建议？（可简要回答）

＿＿＿＿＿＿＿＿＿＿＿＿＿＿＿＿＿＿＿＿＿＿＿＿＿＿＿＿＿＿＿

20.您是否愿意参与后续关于职业道德教育的研究和交流活动？

　　A.非常愿意

　　B.愿意

　　C.看情况

　　D.不愿意

面向教学管理人员的高职院校学生职业道德教育调查问卷

尊敬的教学管理人员：

　　您好！为了全面提升高职院校学生职业道德教育的质量，我们特开展此次问卷调查，希望能了解您在工作中的实际情况与见解。问卷采用匿名形式，所有数据仅用于统计分析，非常感谢您抽出宝贵时间填写，您的反馈对我们至关重要。

　　1.您在教学管理岗位的工作年限是？

　　A.1～3年

　　B.4～6年

　　C.7～10年

D.10年以上

2.您所在的部门是？

A.教务处

B.学生处

C.教学质量监控部门

D.其他（请注明）_____

3.您认为职业道德教育在高职院校人才培养体系中的重要程度如何？

A.核心地位，至关重要

B.重要组成部分

C.一般重要

D.不太重要

4.学校是否制定了专门的职业道德教育教学大纲或课程标准？

A.是，且很完善

B.是，但有待完善

C.否，计划制定

D.否，无相关计划

5.您所在学校为职业道德教育课程安排的课时量是否充足？

A.完全充足

B.基本满足需求

C.略显不足

D.严重不足

6.学校目前选用的职业道德教育教材，您认为其适用性如何？

A.非常适用，贴合学生和行业需求

B.比较适用，稍加改进更好

C.一般，存在较多问题

D.不适用，急需更换

7.您通过什么方式了解教师在职业道德教育中的教学情况？（可多选）

A.听课评课

B.学生评教

C.教学检查

D.教师教学成果汇报

E.其他（请注明）_____

8.您认为目前学校教师在职业道德教育方面的教学能力整体水平如何？

A.很高，能够出色完成教学任务

B.较高，基本能满足教学要求

C.一般，有待进一步提升

D.较低，存在较大问题

9.学校是否组织过针对教师职业道德教育教学能力提升的培训活动？

A.经常组织，效果显著

B.偶尔组织，效果一般

C.很少组织

D.从未组织

10.您认为企业参与学校职业道德教育的深度和广度如何？

A.深度和广度都很好，对学生帮助大

B.有一定参与，但程度不够

C.参与较少，作用不明显

D.几乎没有参与

11.学校是否建立了学生职业道德表现的评价机制？

A. 是，且评价机制科学合理

B. 是，但评价机制有待完善

C. 否，正在筹备建立

D. 否，暂无计划

12. 您主要通过哪些指标来衡量学生职业道德教育的效果？（可多选）

A. 学生的课程成绩

B. 实习单位的反馈评价

C. 学生日常行为表现

D. 学生参与相关活动的积极性

E. 学生对职业道德知识的理解和掌握程度

F. 学生在解决实际工作场景中道德问题的能力

G. 其他（请注明）_____

13. 您认为当前学校开展的职业道德教育活动对学生就业竞争力的提升作用如何？

A. 作用非常大，明显提升就业竞争力

B. 有一定作用，能促进就业

C. 作用较小，效果不显著

D. 几乎没有作用

14. 学校在职业道德教育方面的经费投入，您认为是否充足？

A. 充足，能满足各项教育活动的开展

B. 基本够，有些方面需节省

C. 不太充足，制约教育活动的开展

D. 严重不足

15. 您认为学校在职业道德教育宣传推广方面的工作做得如何？

A. 非常好，营造了良好氛围

B.较好，师生基本了解相关信息

C.一般，宣传力度有待加强

D.较差，很多师生不了解相关情况

16.对于将职业道德教育融入专业课程教学，您认为目前存在的主要困难是什么？（可多选）

A.教师缺乏融合意识和能力

B.专业课程教学任务重，没时间融合

C.缺乏相关的融合指导和资源

D.其他（请注明）_____

17.您对学校目前职业道德教育的整体组织与管理工作是否满意？

A.非常满意，工作有序高效

B.满意，基本达到预期

C.一般，存在一些问题需要改进

D.不满意，问题较多

18.您希望通过哪些方式改进学校的职业道德教育工作？（可多选）

A.加强师资队伍建设

B.丰富教学资源和教学方法

C.深化校企合作

D.完善评价体系

E.其他（请注明）_____

19.您对高职院校学生职业道德教育的未来发展有什么期望或建议？（可简要回答）_____

20.您是否愿意参与后续关于改进高职院校职业道德教育的研讨和实践活动？

A.非常愿意，积极参与

B.愿意，视情况参与

C.看时间和精力，再做决定

D.不愿意

面向学生的高职院校学生职业道德教育调查问卷

亲爱的同学：

你好！为了提升高职院校学生职业道德教育的质量，更好地满足大家的学习需求，我们特开展此次问卷调查。问卷采用匿名方式，你的回答将对我们的研究提供重要帮助，请放心如实填写。感谢你的支持与配合！

1.你的年级是？

A.大一

B.大二

C.大三

2.你所学的专业属于以下哪类？

A.工科类

B.文科类

C.商科类

D.艺术类

E.其他（请注明）_____

3.在入学前，你对职业道德的了解程度如何？

A.非常了解，有清晰认知

B.了解一些，有初步概念

C.不太了解，只听说过

D.完全不了解

4.你是否认为职业道德对未来职业发展很重要？

A.非常重要，是职业发展的关键

B.重要，会有较大影响

C.一般重要，有一定作用

D.不太重要，能力更关键

5.学校是否开设了专门的职业道德教育课程?

A.是，且课程丰富系统

B.是，但课程内容较单一

C.否，计划开设

D.否，未听说有相关计划

6.你对目前职业道德教育课程的教学内容感兴趣吗?

A.非常感兴趣，内容新颖实用

B.比较感兴趣，能学到一些知识

C.一般，感觉内容比较枯燥

D.不感兴趣，内容与实际脱节

7.你觉得职业道德教育课程的课时量是否充足?

A.完全充足，能深入学习

B.基本满足需求，可以接受

C.略显不足，很多内容来不及深入探讨

D.严重不足，无法系统学习

8.授课教师在职业道德教育课程中，采用的教学方法主要有哪些?（可多选）

A.理论讲解

B.案例分析

C.小组讨论

D.角色扮演

E.实地参观

F.线上学习

G.其他（请注明）_____

9.你最喜欢哪种职业道德教育的教学方法？（可多选）

A.理论讲解

B.案例分析

C.小组讨论

D.角色扮演

E.实地参观

F.线上学习

G.其他（请注明）_____

10.你认为目前职业道德教育课程的教学方法效果如何？

A.非常好，能很好地理解和掌握知识

B.较好，对学习有一定帮助

C.一般，效果不太明显

D.不好，感觉收获不大

11.在职业道德教育课程中，教师是否会结合实际案例讲解？

A.总是，案例丰富且贴合实际

B.经常，有一定数量的案例

C.偶尔，案例较少

D.从不

12.你是否参与过学校组织的与职业道德相关的实践活动？

A.是，经常参与

B.是，偶尔参与

C.否，有机会但没参与

D.否，从未有过相关机会

13.你觉得这些实践活动对你理解职业道德有帮助吗？

A.帮助非常大，深刻理解了职业道德内涵

B.有一定帮助，增强了认识

C.帮助较小，感觉作用不明显

D.没有帮助

14.学校是否邀请过企业人员来校进行职业道德讲座或交流？

A.是，经常邀请，收获很大

B.是，偶尔邀请，有一定收获

C.否，计划邀请

D.否，没有相关安排

15.你是否希望学校增加企业人员来校进行职业道德讲座或交流的次数？

A.非常希望，很期待学习企业经验

B.希望，能多了解企业实际情况

C.一般，有无都可以

D.不希望

16.你认为学校在校园文化建设中，对职业道德的宣传力度如何？

A.非常大，校园内随处可见相关宣传

B.较大，能经常接触到相关内容

C.一般，偶尔能看到宣传

D.较小，几乎没注意到

17.你通过哪些渠道了解到与职业道德相关的信息？（可多选）

A.课堂教学

B.学校活动

C.网络媒体

D.家人朋友

E.企业实习

F.其他（请注明）_____

18.在日常生活中，你是否会关注身边人的职业道德表现？

A.总是，会留意并思考

B.经常，偶尔会关注

C.偶尔，特定情况下会注意

D.从不

19.你认为自己目前的职业道德水平如何？

A.很高，能很好地遵守职业道德规范

B.较高，基本能做到符合要求

C.一般，还有提升空间

D.较低，需要加强学习

20.你觉得通过学校的职业道德教育，自己在哪些方面有了提升？（可多选）

A.职业道德认知

B.职业素养

C.沟通协作能力

D.问题解决能力

E.自我管理能力

F.没有明显提升

G.其他（请注明）_____

21.在实习或实践过程中，你是否遇到过与职业道德相关的问题？

A.是，经常遇到

B.是，偶尔遇到

C.否，还未遇到

D.还未参加过实习或实践

22.如果遇到与职业道德相关的问题，你会如何处理？（可多选）

A.参考课堂所学知识

B.向老师请教

C.与同学讨论

D.自己思考解决

E.不清楚如何处理

F.其他（请注明）_____

23.你认为学校的职业道德教育与未来就业的联系紧密吗？

A.非常紧密，对就业很有帮助

B.比较紧密，有一定的指导作用

C.一般，感觉联系不明显

D.不紧密，对就业帮助不大

24.你希望学校在职业道德教育方面增加哪些内容？（可多选）

A.行业最新职业道德规范

B.职场人际关系处理

C.职业心理健康

D.创新创业职业道德

E.其他（请注明）_____

25.你对目前学校职业道德教育的整体满意度如何？

A.非常满意，达到预期

B.满意，基本符合预期

C.一般，存在一些不足

D.不满意，需要改进

26.你认为学校在职业道德教育方面最需要改进的地方是什么？（可多选）

A.教学内容

B.教学方法

C.师资力量

D.实践活动组织

E.宣传推广

F.其他（请注明）_____

27.你是否愿意参加学校组织的课外职业道德培训或学习小组？

A.非常愿意，积极参加

B.愿意，视情况参加

C.看时间和精力，再做决定

D.不愿意

28.你希望通过哪些方式提升自己的职业道德水平？（可多选）

A.参加专业培训

B.阅读相关书籍和文献

C.参与企业实践

D.与同学交流分享

E.其他（请注明）_____

29.你认为同学之间的交流和讨论对职业道德学习有帮助吗？

A.非常有帮助，能拓宽思路

B.有一定帮助，能互相学习

C.帮助较小，作用不明显

D.没有帮助

30.在职业道德教育中，你希望学校与企业在哪些方面加强合作？
（可多选）

A.共同开发课程

B.企业提供实习岗位

C.企业导师指导学生

D.开展企业实践项目

E. 其他（请注明）_____

31.你是否了解学校与哪些企业有职业道德教育合作？

A.非常了解，熟悉合作情况

B.了解一些，知道部分合作企业

C.不太了解，只听说过有合作

D.完全不了解

32.你认为企业在学生职业道德教育中应该扮演什么角色？（可多选）

A.提供实践机会

B.参与课程设计

C.派遣人员授课

D.提供行业案例和反馈

E.其他（请注明）_____

33.你对学校开展的职业道德教育活动有什么具体建议？（可简要回答）_____

34.你是否愿意参与后续关于职业道德教育的调研和改进活动？

A.非常愿意，积极配合

B.愿意，看情况参与

C.看时间安排，再决定

D.不愿意

35.对于高职院校学生职业道德教育，你还有其他想说的吗？（可简要回答）_____

高职院校学生职业道德教育教学实践活动及其过程资料的数据调研、专家访谈和文本分析主要获取师生在教学活动中遵守高职院校学生职业道德教学场景构建情况的数据，即在具体教学实践中是否遵守高职院校制度中规定的学生职业道德教学及其程度。这部分调研一方面与前述高职院校学生职业道德教学场景构建情况的文献分析、专家访谈形成第二阶段转换到第三阶段的数据闭环，另一方面与后面调研学生习得职业道德效果的数据形成第三阶段运行的数据闭环。由于高职院校学生职业道德教育教学实践活动及其过程资料的数据是这两组数据闭环的中间桥梁，所以这些数据可以相互印证。当我们获得数据，通过量化方法确定 Cd_0 的数值，那么结合已经确定的 Bd_1 的值，根据式4.4，可以得到 α_2：

$$\alpha_2 = Cd_0 \div Bd_1$$

显然，在数字时代 α_2 可能小于1，也可能等于或者大于1。如果 Cd_0 的值小于 Bd_1，会出现 α_2 小于1，那么说明在研究数字时代高职院校学生职业道德生成机制的过程中高职院校学生职业道德教育教学实践活动及其过程资料要小于高职院校学生职业道德教学场景构建情况，即高职院校学生职业道德教育教学实践活动及其过程资料处于高职院校学生职业道德教学场景之内。这符合教学场景大于教学活动的情况。如果 Cd_0 的值大于或者等于 Bd_1，会出现 α_2 等于或者大于1，那么说明在研究数字时代高职院校学生职业道德生成机制的过程中高职院校学生职业道德教育教学实践活动及其过程资料大于高职院校学生职业道德教学场景构建情况，即学生职业道德教育教学实践活动及其过程资料的一部分处在学生职业道德教学场景之外。从高职院校及其教师教学团队构建学生职业道德教学场景到具体实施的学生职业道德教育教学实践活动及其过程资料存在一定的差异。在数字时代以前，由于负责具体教学的教师团队接触产业端职业道德实践的机会很少，所以学生职业道德教育教学实践活动及其过程资料一般小于高职院校学生职业道德教学场景构建情况，即高职院校学生职业道德教育生成机制的第二阶段转换到第三阶段的系数 α_2 小于1。到了数字时代，教师教学团队在学生职业道德的具体教学实践工作中会根据产业端职业道德实践最新情况增加教学资料或者删除一些不恰当的教学资料。例如，客户服务工作在数字时代新增的主要内容之一是设计、营运和维护客户机器人。为此，客户服务工作职业道德必须包含互联网和数据处理等领域的共同行为准则和规范。高职院校教师教学团队在把互联网和数据处理方面职业道德纳入学生职业道德教学场景之前，有可能在学生职业道德教育教学实践活动中增加了互联网和数据处理方面职业道德的资料。随着数字技术的广泛应用，高职院校教师教学团队获得大量机会深入产业端生产经营一线进行工作实践，进而掌握产业端职业道德现状和发展趋势。这意味着许多高职院校的许多专业教师教学团队会在构建学生职业道德教学场景之前就掌握产业端最新职业道德，并应用于学生职业道德教育教学实践活动。因此，在数字时代从高职院校学生职业道德教育生成机制的第二阶段到第三阶段存在转换系数 α_2 等于或者大于 1 的情况。

四、学生习得职业道德的效果

学生习得职业道德的效果是学生从高职院校及其教学团队开展的职业道德教育教学活动中把职业道德内化为自身素质的效果，代表高职院校学生职业道德教育生成机制"认知与验证"和"内化与外显"的最终成果。学生习得职业道德的效果直接受到高职院校学生职业道德教育教学实践活动及其过程资料的影响。其中教学内容、教学任务等是学生必须完成的学习任务和内容。当然，由于学生自身经历、职业期望等的诸多差异，不同学生面对同一所高职院校构建的学生职业道德教学场景获得的具体学习体验也会存在较多差异，进而出现学习效果差异。高职院校及其教师教学团队提供的职业道德教学活动及其资料大致一样，而且趋于标准化。这就造成学习者对职业道德教学环境的多样化需求与高职院校及其教师教学团队提供的职业道德教学活动标准化供给必然存在一定的差异。

高职院校学生习得职业道德效果的数据可以通过学生调研、教师调研、专家访谈和文本分析等方式获取。这部分数据与前述高职院校学生职业道德教育教学实践活动及其过程资料的数据形成闭环，可以相互印证。当我们获得数据，通过量化方法确定Cd_1的数值，那么结合已经确定的Cd_0的值，根据式4.5，可以得到Cr：

$$Cr = Cd_1 \div Cd_0$$

显然，在数字时代Cr可能小于1，也可能等于或者大于1。如果Cd_1的值小于Cd_0的值，会出现Cr小于1，那么说明在研究数字时代高职院校学生职业道德生成机制的过程中学生习得职业道德的效果要低于高职院校学生职业道德教育教学实践活动及其过程资料期望的效果，即学生习得职业道德的效果处在了高职院校学生职业道德教育教学实践活动及其过程资料期望的效果之下。这符合教学效果小于教学预期的情况。如果Cd_1的值大于或者等于Cd_0的值，会出现Cr等于或者大于1，那么说明在研究数字时代高职院校学生职业道德生成机制的过程中学生习得职业道德的效果高于学生职业道德教育教学实践活动及其过程资料期望的效果。

在数字时代以前，绝大多数学生习得职业道德的效果会低于高职院校教师教学团队提供的学生职业道德教育教学实践活动及其过程资料所期望的高度。这是由于学生在数字时代以前掌握的职业道德学习资料限于教师教学团队提供的资料，接触到的产业端职业道德教育现状及其发展趋势也限于教师教学团队提供的模拟实训。在数字时代以前，学生掌握的全部学习资料都是高职院校学生职业道德教育教学实践活动及其过程资料。

到了数字时代，高职院校许多学生可以通过互联网等数字技术掌握大量职业道德学习资料。这些学习资料可能远远多于高职院校教师教学团队提供的教学资料，从而让学生习得职业道德的效果远远好于高职院校教师教学团队提供的学生职业道德教育教学实践活动及其过程资料所能期望的程度。此外，广泛应用的数字技术给予了大量学生通过数字化工作场景到产业端一线生产经营岗位实践的机会，从而使学生能够掌握职业道德现状和发展趋势。部分学生甚至比教师教学团队更为熟悉产业端职业道德现状和发展趋势。这意味着在数字时代学生习得职业道德的效果可能会超过教师教学团队的预期。

　　高职院校教师教学团队、学生和产业端工作人员是高职院校学生职业道德教育生成机制中最活跃的因素。其中，产业端工作人员的作用主要是推动产业端职业道德实践进步和职业道德明文规定的改进；教育端高职院校教师教学团队和学生的作用主要是推动高职院校学生职业道德教育教学实践活动及其过程资料、高职院校学生职业道德教学场景构建情况、高职院校教育教学规范中对学生职业道德教育的规定的改进。高职院校学生职业道德教育生成机制的第二阶段和第三阶段构成教育端。第二阶段主要是从教的角度来看，学校和教师教学团队给予的教学环境；第三阶段则主要是从学的角度来看，学生可以接触到的学习环境。显然，这两个阶段的活跃因素不同：在第二阶段最活跃的因素是高职院校教师教学团队，在第三阶段最活跃的因素是高职院校的学生。为更加清晰、直观地表达这些活跃因素如何推动高职院校学生职业道德教育生成机制，我们设计了表5-1。从学习者需求多样性和学习过程个性化的趋势来看，学习者需要的职业道德教学活动及其资料必然是多样化的，而数字时代给予了学习者多样化教学场景的机会。由此，我们可以预见未来的高职院校学生职业道德教育场景必然呈现多样化和个性化的趋势。

表5-1   高职院校学生职业道德教育生成机制活跃要素

序号	具体标志事物	对应的符号	活跃因素	对应的阶段	对应的状态数据
1	产业端职业道德实践情况	Ad_0	产业端工作人员	第一阶段（产业端）	数字化职业工作场景中职业道德呈现情况的初始数据
2	产业端明文规定的职业道德规范	Ad_1	产业端工作人员		数字化职业工作场景中职业道德运行后呈现的结果数据
3	高职院校教育教学规范中对学生职业道德教育的规定	Bd_0	高职院校教师	第二阶段（教育端）	数字化教育教学场景中学生职业道德教育规范呈现的初始数据
4	高职院校学生职业道德教学场景构建情况	Bd_1	高职院校教师		数字化教育教学场景中学生职业道德教育规范应用的结果数据
5	高职院校学生职业道德教育教学实践活动及其过程资料	Cd_0	高职院校学生	第三阶段（教育端）	学生习得职业道德呈现情况的初始数据
6	学生习得职业道德的效果	Cd_1	高职院校学生		学生习得职业道德运行后呈现的结果数据

第六章

数字时代高职院校学生职业道德教育与专业课程融合及检验

数字技术的广泛应用给予了高职院校学生职业道德教育与专业课程教学融合的数字化途径。高职院校学生职业道德教育与专业课程教学融合是指高职院校专业课程教学中融入了产业端职业道德元素，从而使专业课程教学与职业道德教育融合，提高人才培养质量。在数字时代，产业端数字化职业工作场景各种元素可以无缝接入高职院校专业课程教学，产业端职业道德也能够更深入地融入高职院校专业课程教学，从而进一步提高高职院校培养人才的综合素质，更好地为我国社会主义建设提供高端技术技能人才。为此，我们需要梳理高职院校学生职业道德教育与专业课程教学融合面临的困难，明晰高职院校学生职业道德教育与专业课程教学融合的层次及其标志，探讨数字时代高职院校专业课程与学生职业道德教育融合的途径。

第一节　高职院校专业课程教学与职业道德教育的融合

一、高职院校学生职业道德教育教学的落脚点：专业课程

（一）高职院校专业课程必然面向产业岗位及其职业道德

企业是现代社会的市场经济中最主要的经济组织，而众多企业构成了产业。在中国特色社会主义新时代，不论是农业、工业，还是服务业，都可以依靠大力发展数字经济来实现经济增长率的稳定或提升。[192] 企业数字化转型的人才需求本质是产业数字化转型的人才需求。只要企业需要人们在工作岗位从事生产经营活动，便需要相应岗位的职业道德。高职院校的专业对应产业岗位或者岗位群，课程来自产业岗位中的某项技术或者某些技术组合及其职业道德。高职院校学生毕业后将要从事产业岗位工作，必须具备相应岗位的职业道德。高

职院校的专业课程不仅需要把现在各产业岗位及其职业道德带进课堂，而且需要把未来产业的岗位及其职业道德带进课堂。可见，不论在过去、现在、还是未来，产业岗位及其职业道德都是职业教育的核心。显然，我国高职院校专业课程教学必然面向社会发展来培养学生适应一定产业岗位及其职业道德。这意味着我国高职院校不能仅仅从当前企业工作技术技能的需要来考虑人才培养、专业建设和课程教学，而必须从整个产业发展的需求考虑人才培养、专业建设和专业课程教学。如果高职院校专业课程没有深入地融入职业道德，那么高职院校不可能有效地培养产业发展需要的人才。

（二）高职院校必然依靠专业课程来组织学生职业道德教育

各个产业岗位及其职业道德存在很大差异。培养这些不同岗位的技术技能人才，需要不同的教师、设备、材料、教学方法和教学场景。比如，汽车维修专业课程需要有汽车维修工作经验的教师、维修汽车的吊车等设备和备件，着重培养学生精益求精、工匠精神等职业道德；会计专业课程需要有会计相关从业经验的教师、财务软件及财经制度等设备和教学场景，着重培养学生诚信、敬业等职业道德。高职院校必须围绕产业岗位技术特点和职业道德特征来组织人力、物力和资金，才能汇聚专业课程教学所需的力量，进而培养相关产业岗位所需的高端技术技能人才。相反，如果高职院校没有能够根据专业课程教学特点来配置师资、设备和管理制度，恰当地培养学生职业道德，那么将难以保障课程教学质量、难以培养产业发展所需的合格的岗位技术人才。目前存在的现实问题主要有招收对象文化层次参差不齐、生源结构复杂等，而现有的高职院校课程体系也不能满足社会招生层次学生的培养需求。[193] 因此，只有高职院校专业课程深入地融合职业道德，才能达到高职院校的人才培养目标。

（三）高职院校学生长期职业发展依赖专业课程教学与职业道德教育融合

数字时代的产业快速升级换代。职业教育结构正在被数字技术优化和重构，急需数字化推动课程从内到外的系统性变革和结构性创新。[194]这要求相关产业端岗位和职业道德发展必须跟上产业升级的速度。比如，当前人工智能推动财税金融业等产业升级，使得会计岗位从业人员必须掌握人工智能应用技术，并掌握人工智能相关职业工作的共同行为准则和规范。这意味着只有掌握了人工智能应用的技术和职业道德的工作人员才能适应数字时代财税金融业产业的岗位需求。这就要求高职院校培养的人才不仅要具备一定的专业技术和技能，而且还必须具有正确的"三观"、健康的体魄、良好的文化素质和职业道德。这也意味着高职院校专业课程教学不能只着眼于当前产业岗位技术和职业道德，而必须从学生长期职业发展的角度把学生毕业后从事未来岗位需要的相关技术和职业道德纳入教学范围。我国高职院校需要站在产业发展角度，而不是某个具体企业的角度考虑专业课程技术技能教学和职业道德教育。高职院校需要根据专业课程对应的技术特点，在教学过程中融入相关职业道德的知识和素质，以利于学生毕业后长远的职业发展。高职院校学生职业道德教育与专业课程教学融合切合了教育促进人的全面发展的目标。高职院校学生职业道德教育与专业课程教学融合应该适应产业端工作岗位技术及其职业道德的长期发展趋势。比如，高职院校财经商贸类专业培养学生较高的数理知识和数量分析能力，更需要培养学生爱国、诚信、敬业、友善等品德。只有高职院校学生职业道德教育与专业课程教学融合，专业课程教学团队才能掌握这些影响学生长期职业发展的技术技能和职业道德，促使学生全面发展。因此，高职院校学生职业道德教育与专业课程教学融合及其程度对学生长期职业发展有深刻影响。高职课程体系建设要与企业工作岗位情景紧密结合。[195] 由此可见，高职院校人才培养特点决定了高职院校学生职业道德教育的落脚点是专业课程。高职院校为达到人才培养目标，就必须围绕专业课程来开展高职院校学生职业道德教育。

二、高职院校学生职业道德教育与专业课程教学融合的标志

我们明确了高职院校学生职业道德教育教学的落脚点是专业课程，那么下一步则需要分析高职院校专业课程开展高职院校学生职业道德教育有哪些标志。高职院校学生职业道德教育与专业课程教学融合会存在若干不同程度。专业课程教学与职业道德教育融合是高职院校学生职业道德教育顺应产业岗位技术发展和职业道德发展需要的一种教学模式。从高职院校培养人才的整体质量来看，专业课程教学与职业道德教育融合是把产业岗位实践技术和职业道德引入专业课程教学的做法。这种做法是高职院校教师与相关产业的行业企业专家合作促使专业课程教学与职业道德教育相互融合的过程。在这个过程中，专业课程教学与职业道德教育融合应该存在若干不同程度的状态：既有专业课程教学与职业道德教育浅层次的课时、资料等互用，也有专业课程教学与职业道德教育深层次的教学场景、教学评价等要素的融合。专业课程教学与职业道德教育不但是教学形式上的融合，更是教学内容之间的融合。显然，这些都属于高职院校学生职业道德教育与专业课程教学融合模式的范围，只是程度不同。

由于专业课程是高职院校学生职业道德教育的落脚点，所以专业课程教学与职业道德教育必然融合，但可能存在不同的融合程度。当高职院校教师教学团队开始使用了部分产业岗位职业道德教育资源用于专业课程教学时，那么我们可以认为这些专业课程已经达到了某种较低程度的专业课程教学与职业道德教育融合。当高职院校教师教学

团队已经深入地开展了专业课程教学与职业道德教育场景融合，甚至实现了专业课程教学与职业道德教育评价的融合，那么我们可以认为这些专业课程教学与职业道德教育融合已经达到了很高的程度。

根据高职院校专业课程教学中融入产业端职业道德元素的状况，可以把专业课程与职业道德教育融合程度划分为5个层次：（1）产业岗位职业道德融入专业课程教学标准。（2）产业岗位职业道德融入教学评价。（3）产业岗位职业道德融入教学任务。（4）产业岗位职业道德融入教学内容。（5）产业岗位职业道德融入教学情景。

产业岗位职业道德融入专业课程教学标准是指产业岗位实践工作的相关职业道德能够充分地融入相关专业课程教学标准。教学标准能否完整地包含产业最新实践工作职业道德，对学生适应产业岗位发展具有十分重要的意义。有学者调查发现课程标准较好地体现了对技术技能人才的要求变化，但对情感、态度的要求尚不够明确、具体。[196] 如果专业课程教学标准能够包含最新产业岗位实践工作职业道德，学生毕业后就能很快地适应产业岗位工作的需要。反之，则需要适当的岗前职业道德训练才能适应具体岗位工作。我们在调查中发现有一部分毕业生反映有些专业课程没有能够完整地包含最新产业实践工作职业道德，必须毕业后到工作中才能接触这些最新的职业道德。专业课程教学与职业道德教育融合的基本动因在于技术进步和职业道德发展。产业岗位职业道德融入专业课程教学标准的具体表现包括产业岗位职业道德规范融入专业人才培养标准和课程标准、产业岗位职业道德要领成为专业课程教学重点、产业岗位实践职业道德难点成为专业课程教学难点。高职院校二级教学单位，甚至部分教师个人可以通过定期或者不定期与行业企业专家交流获得产业端职业道德明文规定等资料和具体岗位实践中职业道德发展趋势，进而形成具体教学标准中的职业道德教学要求。

产业岗位职业道德融入教学评价是指产业岗位工作中实际应用的职业道德能够用于相关专业课程教学评价，成为评价学生学业成绩的重要因素。这意味着高职院校专业课程教学能够使用行业企业生产经营实际适用的职业道德来评判学生专业课程学习效果。这需要高职院校与行业企业建立共用职业道德资源的合作机制，以解决生产经营实际适用的职业道德难以进入教学实践的难点。相比于产业岗位职业道德融入专业课程教学标准，产业岗位职业道德融入教学评价显然要求专业课程教学与职业道德教育融合的程度更深入一些。

产业岗位职业道德融入教学任务是指高职院校专业课程的教学任务遵循了产业岗位职业道德，把产业岗位工作各个环节应当遵循的职业道德规范纳入教学任务，要求师生必须执行相应岗位工作职业道德程序才能取得专业课程教学成绩。这就意味着高职院校专业课程的教学活动已经完全与产业生产经营实践中的职业道德规范融合在一起：教师在这个过程中不仅承担教学指导的责任，也承担岗位工作职业道德指导的责任；学生在这个过程中不仅要学习相关岗位的工作技术，也要完成相关岗位相应的职业道德任务。显然，相比于产业岗位职业道德融入专业课程教学标准、产业岗位职业道德融入教学评价，产业岗位工作程序融入教学任务要求专业课程教学与职业道德教育融合的程度更深。

产业岗位职业道德融入教学内容是指高职院校专业课程教学内容中包含一定数量的产业岗位职业道德。这些融入高职院校专业课程教学内容的产业岗位职业道德规范，应该是产业岗位实践应用的最新职业道德。为此，高职院校专业课程教师教学团队必须掌握产业端职业道德实践情况。高职院校专业课程教师教学团队必须具备产业岗位工作经历和高职院校专业课程教学经历，在掌握产业岗位工作职业道德的同时具备一定的教学能力。这意味着高职院校专业课程教学团队中有一定数量的教师紧密地接触了产业岗位职业道德。这需要高职院校建立起完善的行业企业专家到学校长期任教和专业课程教师课余时间长期到产业岗位实践的管理制度，包括薪酬制度、业绩考核制度等等，形成校企双方深度合作的机制，解决校企双方互聘对方人员带来的工作冲突等问题。可见，产业岗位职业道德融入教学内容的前提是产业岗位技术人才融入教学团队，深度参与教学内容设计、实施，把产业端实践工作中最新的职业道德带入教学过程，采用项目式、情景式、工作过程系统化等模式优化实践教学方式[197]。产业岗位职业道德融入教学内容比前述3个层次产生的专业课程教学与职业道德教育融合程度更深一些。

产业岗位职业道德融入教学情景是指高职院校专业课程的教学情景环境已经完全融合了产业岗位职业道德。教学情景环境应当紧贴产业端职业道德。教学情景环境不仅要包括产业岗位工作设备设施等硬件环境、产业岗位工作制度、人文精神、职业习惯等行业企业内部软件环境、相关市场、法律等等外部社会环境要素，还必须包括产业端职业道德规范等情景。这些用于高职院校专业课程教学的产业端职业道德规范应该来自生产经营实践的最前线。这些融入教学情景的产业岗位职业道德与行业企业生产经营环境完全一致。这些融入教学情景的产业岗位职业道德不是模拟的环境，而是真实的环境。教师和学生在这个真实的职业道德环境中可以深刻体会产业岗位职业道德的重要性，完成职业道德教育教学的"认知与验证的统一"和"内化与外显的统一"。这意味着专业课程教学与职业道德教育融合给师生提供了直接参与产业岗位职业道德实践的环境。也许不同专业课程师生使用这些产业岗位职业道德的方式有所不同，但是师生在这些融入了产业岗位职业道德的教学情景中应该能够更好地学习、研究产业端职业道德。当然，这需要高职院校更深入地将产业岗位职业道德融入教学情景，使产业岗位职业道德能够完全融入专业课程教学环境，同时专业课程教学能够完全满足产业岗位职业道德实践的要求。相比于前述专业课程教学与职业道德教育融合的其他层次，产业岗位职业道德融入教学情景意味着高职院校建立了完全等同于产业端职业道德的教学环境。

高职院校学生职业道德教育与专业课程教学融合的这5个层次相应标志为：第一层次，产业岗位职业道德融入专业课程教学标准的标志是充分体现产业岗位职业道德的人才培养标准和课程标准；第二层次，产业岗位职业道德融入教学评价的标志是产业岗位职业道德成为教学评价的标准之一；第三层次，产业岗位职业道德融入教学任务的标志是具体发布的教学任务中包含了产业岗位职业道德；第四层次，产业岗位职业道德融入教学内容的标志是教师教学团队能够把产业岗位最新的职业道德实践情况融入教学内容；第五层次，产业岗位职业道德融入教学情景的标志是教学情景融合了产业岗位工作职业道德实践环境，为学生习得职业道德提供"认知与验证的统一"和"内化与外显的统一"的教学情景。

这5个层次的专业课程教学与职业道德教育融合既表现了专业课程教学与产业岗位职业道德实践相互融合的程度，也展现了专业课程教学与产业端职业道德相互融合的过程。如果先一层次的专业课程教学与职业道德教育的融合没有充分实现，即使高职院校在专业课程教学与职业道德教育的融合上有后一层次上某种形式的融合，也达不到系统地培养学生适应产业职业道德实践情况和发展趋势的教学目标。这意味着专业课程教学与职业道德教育融合必须从产业岗位职业道德融入专业课程教学标准开始，逐次做好产业岗位职业道德融入教学评价、产业岗位职业道德融入教学任务、产业岗位职业道德融入教学内容，最后达到产业岗位职业道德融入教学情景。高职院校学生职业道德教育与专业课程教学融合不能跳过前一个融合层次而有效地开展后续的融合层次。第一，这意味着高职院校学生职业道德教育与专业课程教学融合必须始于教师教学团队解构产业岗位职业道德实践规范和重构教学标准；第二，探索产业岗位职业道德成为教学评价标准的具体途径；第三，把产业岗位职业道德植入教学任务；第四，将产业岗位最新的职业道德实践情况融入教学内容；第五，促使教学情景融合产业岗位工作职业道德实践环境，为学生习得职业道德的"认知与验证的统一"和"内化与外显的统一"提供充分的教学情景。目前，我国由行业企业投资兴办的高职院校更便于专业课程教学与生产经营相结合，从而为专业课程教学与职业道德教育融合提供了更好的机会。明晰高职院校学生职业道德教育与专业课程教学融合层次及其标志有利于判断具体专业课程融合职业道德的状态及未来一段时间的发展方向。当然不同专业和产业要求的专业课程教学与职业道德教育融合程度也存在一定差异。有些专业和产业需要教学情景融合产业岗位工作职业道德实践环境来培养职业技术人才，比如审计课程需要构建贴近审计工作的职业道德环境才能培养学生正确的审计职业判断能力。

三、高职院校学生职业道德教育与专业课程教学融合的制约因素

（一）教师教学理念与方法制约专业课程教学与职业道德教育融合的空间深度

高职院校专业教师教学理念和方法直接影响专业课程教学质量和人才培养质量，进而对专业课程教学与职业道德教育融合也产生十分重要的影响。长期以来，我国高职院校多数专业教师来源于高校毕业

生。这类教师出自普通高校校门，再进入高职院校校门。这些教师拥有较高学历和科学知识，但是缺乏产业实践经历，并不知晓行业企业技术实践应用情况和职业道德现状。这些教师习惯了普通大学课堂教学，成为高职院校教师时极有可能把普通大学教学理念和方法带入高职院校。当这类来源的教师长期占高职院校教师大多数时，高职院校专业课程便会沿袭学科知识的课堂教学，难以深入地开展专业课程教学与职业道德融合。经过高职扩招后，高职院校学生背景的多样性和需求的差异化，加大了高职院校人才培养和管理难度[198]，给教师教学提出了更高的挑战。久而久之，高职院校专业课程教学形成了围绕知识积累的课堂教学理念和方法。高职院校中来自行业企业的教师只能遵从学科体系的教学理念和方法，难以形成围绕岗位技术及其职业道德发展的职业教学理念和方法。我国职业教育法规要求高职院校教师保持到行业企业锻炼的原因主要是其多数教师不是来源于行业企业一线专业技术人员。这些教师通过到行业企业实践锻炼不仅能够掌握行业最新技术发展动态，而且能够充分理解和接受行业最新的职业道德。

目前多数高职院校教师教学团队实施专业课程教学的场所可以是线上，也可以是线下；可以是校内课堂或者实践场所，也可以是校外实践基地。高职院校教师教学理念和方法对专业课程教学与职业道德教育融合的影响主要表现在：首先，教师教学理念与方法不仅以学生知道"是什么"为主，而且还要促使学生知道"怎么做""为什么"。高职院校学生毕业后从事各类技术技能工作，动手能力十分重要，而且必须按照职业共同行为准则和规范完成工作。如果高职院校学生清楚职业共同行为准则和规范背后的原因，那么将会自觉遵守职业道德。其次，教师教学理念与方法不仅以完成实践工作为主，而且还要兼容技术技能相关科技及经济社会发展知识。如果高职院校学生毕业后不仅能够完成当时职业工作中的各项操作，而且清楚技术发展趋势和职业道德变化趋势，那么高职院校学生应该就能够很好地适应产业升级的技术技能工作。这使得高职院校学生不仅要从教师教学中获得职业技术技能，而且要掌握职业道德等社会发展知识，才能习得产业未来发展所需的专业技术技能。如果企业等用人单位参与高职院校教师实施的专业课程教学，并融合了职业道德教育等元素，那么学生毕业以后就能在较短时间内完成岗前培训，进入良好的工作状态，从而节约用人单位成本。

（二）高职院校管理模式制约专业课程教学与职业道德教育融合的空间广度

专业课程教学与职业道德教育融合需要高职院校教师教学团队深入行业企业一线岗位实践来获得产业端职业道德现状和发展趋势。当前，我国高职院校管理模式一般为："校——教学院系——专业课程"。这主要是由于我国高职院校规模较大、覆盖专业领域较多。我国多数高职院校专业领域覆盖多个产业领域。在此管理模式下，我国高职院校直接承担专业课程建设的主体是二级教学单位——教学院系。教学院系同时也承担各个专业的教学任务。作为高职院校的内设机构，教学院系通常需要通过学校审批才能参与行业企业一线岗位实践。这使得高职院校校级管理层不太可能熟悉如此众多的产业领域的相关岗位。即使高职院校管理者熟悉某一个产业领域，但是由于他们长期从事学校管理，不太可能比二级教学院系和教师教学团队更熟悉产业领域岗位技术和职业道德的变化。高职院校校级管理层更容易站在学校整体运行的角度考虑专业课程教学与职业道德教育融合，而不容易聚焦教师教学团队到行业企业一线岗位实践锻炼的困难和作用。我国多数高职院校的管理者来自普通高校，极少来自行业企业，难以理解教师教学团队到行业企业一线锻炼对专业课程教学与职业道德教育融合的重要意义。

尽管国家职业教育法规要求高职院校教师参与行业企业实践，但是具体实施教师到行业企业的方案掌握在高职院校的学校管理层面。这就意味着虽然高职院校教师处于产业前端，但高职院校教师参与行业企业实践锻炼的程度取决于高职院校校级管理层，二级教学院系只是审批流程的一个环节。这对高职院校的教师教学团队提出了协同产业端需求和高职院校管理决策的要求。如果高职院校教师教学团队不能推动二级教学院系、学校管理决策层认识到掌握相关产业技术和职业道德发展动态的重要性，那么高职院校教师教学团队很难深入行业企业一线岗位实践，也很难深入地开展专业课程教学与职业道德教育融合。国家法规通过"放管服"等政策给予基层更多活力。如果高职院校管理层能够秉承"放管服"的理念，给予教师教学团队到行业企业一线实践锻炼方面更大的自主权，那么将有利于教师教学团队深入地开展专业课程教学与职业道德教育融合。如果高职院校管理层和二级院系缺乏服务意识和发展理念，对不熟悉的产业领域采取排斥或者放任不管的态度，那么必定会有部分教师教学团队不太可能获得足够的人力、物力和资金来深入产业一线开展实践锻炼，影响专业课程教学与职业道德教育融合的效果。因此，高职院校的管理模式对专业课程教学与职业道德教育融合的广度有着重要影响。

（三）产业环境制约高职院校学生职业道德教育与专业课程教学融合的时间长度

产业环境对产业岗位的具体技术生命周期和职业道德发展动态具有十分重要的作用。产业环境包含的范围十分广泛，诸如：社会心理、市场需求、政策法律、金融、产品工艺技术等等。其中市场需求、产品工艺技术及其带来的社会心理变化是影响产业岗位的具体技术生命周期和职业道德发展动态的重要因素。市场需求通过决定产业相关产品销售而影响产业岗位技术存在的生命周期和职业道德发展的动态。市场需求决定了产品销售状况：如产品销售的时间长度和各个时间段销售量的规模。产品销售的状况对产业发展具有十分重要的作用。如果产业的相关产品能够在更长时间、更大空间范围内销售，那么提供这些产品和服务的岗位技术覆盖的时间和空间范围更大，职业道德适应的时间和空间范围也越大。如果产业的相关产品销售的时间短、空间范围小，那么提供这些产品和服务的岗位技术存在的时间范围和空间范围也会比较小，职业道德适应的时间和空间范围也越小。比如，随着人们生活水平的提高，绿色健康旅行深受欢迎，而高热量食品市场则逐渐缩小。这使得原生态旅游相关岗位技术有较大发展，旅游行业职业道德规范成为社会热点，而食品安全和健康的职业道德规范也成为社会热点。足见，产业相关岗位技术及其职业道德发展动态深受市场需求时空范围的影响。

产品工艺技术是影响产业岗位生命周期的另一个重要因素。产品工艺技术取决于当时社会科学技术的发展水平。科学技术发展会推动产品工艺技术进步，甚至改变产品结构和形态。比如，智能手机面世后，诞生了很多新型业态：移动支付、基于移动互联网的商务调查、社交平台和自媒体等等，也催生了自媒体、网约车、外卖员等新职业及其职业道德。产品工艺技术不仅推动产品更新换代，而且使产业中相关岗位技术及其职业道德更新换代，一方面淘汰一些职业岗位及其技术，另一方面产生很多新的职业岗位及其职业道德。可见，产品工艺技术进步会改变产业相关岗位技术生命周期、促使职业道德发展。在产业相关岗位及其技术的生命周期之内，相应职业岗位需求比较稳定。当某个产业相关岗位及其技术被其他岗位及其技术替代，甚至某个产业被其他产业替代，那么必然导致职业岗位更新换代。人力资源社会保障部与国家市场监督管理总局、国家统计局在 2020 年 3 月发布了智能制造工程技术人员等 16 个新职业。这说明社会已经公认了这些新型职业，同时意味着某些产业岗位发生变化，甚至消失。显然，这些新型职业是市场需求变化和科学技术进步共同作用的结果。产业环境深刻影响产业岗位技术生命周期、促使职业道德发展。

产业环境推动产业岗位生命周期变化，进而决定了高职院校教师教学实施的具体专业课程教学与职业道德教育融合的时间长短。高职院校学生职业道德教育与专业课程教学融合是教师教学团队深入产业岗位实践的成果之一。在高职院校专业课程教学已经深入融合职业道德的情况下，产业岗位生命周期是决定某个具体专业课程教学与职业道德教育融合时间长度的关键因素。从短期成本来看，高职院校管理者和教师教学团队尽量避免过快地把新型职业岗位技术及其职业道德变化纳入专业课程教学范围。从整个社会进步来看，产业发展需要高职院校尽快地培养掌握新型职业岗位技术技能及其职业道德的人才。产业发展的人才需求会通过人才市场供求变化和政府人才政策引导而影响高职院校人才培养方向。比如，最近几年中，AI 工程师等新型职业人才紧缺，相关岗位就业待遇持续走高，政府出台了支持学校培养 AI 等新兴产业人才的政策。在短期内，高职院校相关专业课程教学可能忽视职业岗位更新换代；在长期中，高职院校相关专业课程必须随职业岗位变化而变化，许多高职院校把大数据、AI 等新技术、新岗位和新的职业道德纳入了专业课程。一旦产业端岗位技术及其职业道德发生变化，高职院校的具体专业课程教学与职业道德教育融合也迟早会发生变化。因此，高职院校学生职业道德教育与专业课程教学融合必须密切关注产业环境变化对产业岗位技术生命周期和职业道德发展的影响，尽早紧跟产业端技术和职业道德发展开展专业课程教学和人才培养。

（四）企业市场地位制约高职院校学生职业道德教育与专业课程教学融合的热度

企业是产业主要的组织载体。产业由市场中特定种类商品供求关系构成，而企业则是商品经营的主体。企业本质上是以营利为目的的经济组织。企业汇聚人力、物力和资金，生产经营市场需要的各种产品和服务。在现代市场经济中，企业是主要的商品生产和供应主体，也是生产经营人才的主要需求主体。高职院校学生毕业后主要到企业生产经营一线岗位工作，需要掌握企业生产经营一线工作岗位的技术技能和职业道德。因此，企业生产经营岗位的技术及其职业道德是高职院校学生职业道德教育与专业课程教学融合的主要内容。

在现代社会中，许多企业作为社会组织也承担各类社会责任，特别是上市公司、大型国有企业必须承担社会赋予的各种责任。按照法规，我国上市公司必须定期报告其承担社会责任的状况。许多大型企业也十分乐意披露它们承担的各种社会责任，以树立良好的社会形象。可见，现在许多企业重视社会责任和社会形象。在现代社会中，企业的价值取向不再仅仅限于盈利，而包含了许多社会责任。当企业的价值取向中包含了社会责任，那么协助各类学校培养社会所需人才便是企业承担社会责任、树立社会形象的途径。高职院校必须贴近企业生产经营岗位的需求来培养人才。企业的市场地位对高职院校学生职业道德教育与专业课程教学融合程度具有十分重要的作用。如果企业市场地位不高，没有足够实力与高职院校开展长期的职业课程教学与职业道德教育融合，那么企业缺少承担社会责任的经济实力和经营理念，不太可能长期帮助高职院校培养人才。即使市场地位较低的企业主观上愿意与高职院校合作，接受教师教学团队到生产经营一线实践，但是市场地位较低的企业能力较低，校企合作随着企业经营频繁变化而发生频繁变动——高职院校专业课程教学与职业道德融合不太可能适应太快的变化。高职院校学生职业道德教育与专业课程教学融合需要校企双方深度合作，其中任何一方缺少深度融合的意愿或者能力，则专业课程教学与职业道德教育融合便不能实现。在企业缺少帮助高职院校培养人才的意愿和能力的情况下，即使高职院校十分愿意，也十分有能力与企业开展深度、长期稳定的合作，也不可能使高职院校学生职业道德教育与专业课程教学融合达到预期状况。

市场地位高的龙头企业应该是有较大影响力和强烈社会责任感的企业。市场地位高的企业出于社会责任的价值取向，更愿意协助高职院校培养人才。但市场经济竞争激烈，市场地位高的龙头企业为了谋求生存和发展的机会而必须承担相应的社会责任。市场地位高的龙头企业为了树立良好的社会公众形象而与高职院校合作培养人才。高职院校教师教学团队长期到企业生产经营一线实践锻炼，需要企业持续为专业课程教学与职业道德教育融合投入人力、物力和资金。比如，企业为开展高职院校学生职业道德教育与专业课程教学融合需要在正常生产经营之外投入专业技术人员参与课程开发和项目设计、投入设备和材料用于专业课程教学、投入市场项目用于构建教学情景等等。高职院校学生职业道德教育与专业课程教学融合需要校企双方在较长时间内稳定地开展合作，才能够把产业岗位工作实践新技术和职业道德动态转化为教学内容。只有企业的市场地位足够高、经济能力足够强大，才有足够实力与高职院校长期开展专业课程教学与职业道德教育融合。可见，企业的市场地位对高职院校学生职业道德教育与专业课程教学融合具有十分重要的影响。

第二节　高职院校学生职业道德教育与专业课程教学融合实践检验——以智慧职教平台为基础

一、高职院校学生职业道德教育与专业课程教学融合实践检验的情况

　　当前，高职院校专业课程数字化转型的突出代表是线上教学。线上教学采取教学录像、虚拟仿真、动画、在线题库等方式提供了丰富的教学资源，甚至有的高职院校部分专业课程在线上提供了实训系统接口，方便学员线上直接使用。当然，现阶段多数高职院校专业课程教学会采取线上线下混合式教学。其主要原因是高职院校部分专业课程的一些技术技能研讨还不能完全依赖线上交流。数字技术广泛应用带来了高职院校专业课程的线上教学。线上教学具有突破时空限制等优势，也存在教学互动体验的质量较低等问题。在线下教学资源有限的条件下，高校可以通过线上教学扩大高职院校专业课程覆盖面，从而提高高职院校专业课程的整体水平。当线上学习者需要成为某个领域的技术专家，甚至学术专家，则还需要严格的线下训练。其中包含着一个重要假设：高职院校专业课程的一些知识点和技能点通过线上教学的效果不会低于线下教学。如果能够证实这项假设，那么就能够证明高职院校专业课程可以通过线上教学结合线下教学的方式优化配置教学资源，从而最大限度地提高高职院校专业课程教学效率和效果。进一步，如果我们证实高职院校专业课程相关的职业道德开展线上教学的效果不会低于线下教学的效果，那么就意味着高职院校专业课程也适合采取数字化方式进行职业道德教学。为此，我们组织了11门课程在智慧职教平台上建设了线上教学资源，并开展了线上教学结合线下教学的改革。通过对比这些课程在智慧职教平台共享线上

教学资源前后的校内外用户数量、评教等情况，不仅证实高职院校专业课程的职业道德部分通过线上教学评教略有上升，而且能够证实线上教学结合线下教学的模式能够大幅度提高高职院校专业课程的职业道德教学产出量。可以预见，随着数字技术将更为广泛而深刻地应用到社会经济活动，高职院校专业课程中适合线上教学的职业道德将会越来越多。

线上教学结合线下教学的方式也有助于解决我国高职院校专业课程面临的教学资源不足问题。我国在2021年提出了建设技能型社会。这推动高职院校专业课程学情呈现多元化趋势，表现为两点。第一，生源多样化；第二，同类生源学习需求多样化。在生源多样化方面，许多高职院校尝试了现代学徒制招生，面向中职的"3+证书"和"三二分段"招生，面向高中生的学业水平招生和高考招生，面向退伍军人的招生。同类生源学生学习需求也呈现多元化，有的是为了掌握技能，获得毕业证，做好参加工作的准备；有的是为了提升自身的工作技能和工作效率；有的是为了继续升学，也有的学习目标暂不明确；还有随着学习的深入而改变学习目标的情况。这要求高职院校专业课程教学采取灵活多样的教学形式、教学方法和教学时间安排。这要求我国高职院校专业课程以有限的教学资源满足大量增加的多样化、个性化的教学需求。在这项研究中，我们借助智慧职教平台（ICVE）建设专业资源库、SPOC和MOOC开展了如下实践检验工作：

选择一些课程设计和制作了线上教学、线下教学两个部分。教师们把专业课程的部分职业道德知识点和技能点分配为线上教学和线下教学两个部分：那些能够通过线上阅读文图、观看视频等方式获取的部分职业道德知识和技能应该适合线上教学；那些必须通过言传身教、实物演练才能获取的部分职业道德知识和技能应该不适合线上教学，只能采取线下教学。这些课程的主讲教师们在以往教学经验的基础上设计了部分职业道德线上教学内容，而线上教学的视频、动画等资源由专门企业开发。

观察和比较这些课程的两类教学情况的投入产出状况。第一类情况，专业课程职业道德没有线上教学资源。这类情况完全以线下教学的方式完成专业课程职业道德教学。第二类情况，专业课程职业道德具备部分线上教学资源。这类情况包含两部分学习者。其中第一部分学习者完全以线下教学的方式完成专业课程职业道德部分教学内容，而不参与线上教学。第二部分学习者以线上教学的方式完成专业课程职业道德部分教学内容，以线下教学的方式完成专业课程职业道德的另一部分教学内容。分析上述两类教学情况的资源和教学效果，进而推断能否将线上教学和线下教学的优势结合起来，充分发挥线上教学资源的作用。

美国高等教育信息化协会（EDUCAUSE）在《2021 年地平线报告：教学版》（2021 EDUCAUSE Horizon Report® Teaching and Learning Edition）中把"广泛应用混合式教学（Widespread Adoption of Hybrid Learning Models）"排在影响教学的技术因素的第一位[1]。该机构在《2022 年地平线报告：教学版》（2022 EDUCAUSE Horizon Report® Teaching and Learning Edition）中直接把"混合和在线学习（Hybrid and Online Learning）""基于技能的学习（Skills-Based Learning）"作为社会趋势的前两位[2]。我国教育部吴岩副部长曾表示翻转课堂是线上线下混合式教学的有效策略和方式，它颠覆了传统课堂教学中老师讲学生听的模式，是以学生为中心的学习和教学方式

---

[1] 资料来源详见 https://library.educause.edu/resources/2021/4/2021-educause-horizon-report-teaching-and-learning-edition。

[2] 资料来源详见 https://library.educause.edu/resources/2022/4/2022-educause-horizon-report-teaching-and-learning-edition。

的革命。[199]。有学者在调查中发现"目前师生对于线上教学的看法可以说是'好''坏''没有变化'三分天下，且'比传统教学效果差'这一看法还略占上风"。[200]这说明线上结合线下教学等模式已经在教育工作中得到了一些实践探索。

二、高职院校学生职业道德教育与专业课程教学融合实践检验的做法

这项研究选择了11门课程。这些专业课程职业道德在线下连续开展了一年及以上教学，并且没有变更主讲教师。具体做法是：

针对第一类情况，研究这11门课程面向本校学生采取完全线下开展专业课程职业道德教学达到的效果。通过分析这些课程在过去一年及以上的评教资料、教案、教学过程记录等，判断这些专业课程职业道德在完全采取线下教学的情况下达到的教学效果。其中重要标志是以这些课程在全校课程评教中的排位代表这些专业课程职业道德教学效果。

针对第二类情况，首先研究这11门课程面向本校学生采取职业课程职业道德内容一部分线上教学、一部分线下教学达到的教学效果。这项研究要求这些课程的主讲教师把大约50%的职业道德教学内容以视频、动画等形式在智慧职教平台上开展线上教学，职业道德其他教学内容在线下开展教学。通过分析这些课程教学评教、线下教学过程资料、线上学习记录等资料，然后再对比第一类情况和第二类情况教学效果，应该可以判断部分线上教学和部分线下教学的效果是否有显著下降。其次，研究这11门课程线上职业道德教学资源面向校外群体共享达到的教学效果。借助智慧职教平台的MOOC，把这些课程线上职业道德教学资源向社会开放。通过分析这些MOOC中校外学员数量、所在单位，以及学习情况等资料判断这些课程线上职业道德资源的社会教学价值。

从教师来看，这两类情况的主讲教师和教学团队一致。这样可以比较准确地衡量教学资源投入状况。从教学对象来看，第一类情况和第二类情况的第一部分学习者都是本校校内的学生，第二类情况的第二部分学习者为校外的社会学员。从教学内容来看，第一类情况和第二类情况的第一部分学习者在课程教学中面临的知识点和技能点完全一样，第二类情况的第二部分学习者学习知识点和技能点的数量大约相当于第一类情况的一半。这意味着可以采取完全相同的尺度评价第一类情况学习者和第二类情况的第一部分学习者的职业道德教学效果，主要考虑该课程在全校课程评价中的排位。第二类情况的第二部分学习者的教学效果则主要考虑不特定社会公众主动选修课程在线上教学部分的数量及线上学习情况等因素，对比校内学生线上学习情况进行综合分析。为此，选择智慧职教作为这些课程的线上教学平台，并且开设了专业教学资源库。智慧职教是一个以职业教育为主、面向社会公开的在线教学平台，既包括了课程层面的SPOC和MOOC，也包括了专业和专业群层面的在线教学资源库等。该平台既允许教师自主建设在线课程教学资源，也允许学校组织教师团队建设专业和专业群层面的在线教学资源。这些线上教学资源中属于SPOC范围的，在上线之前需要经过所在学校的审核；属于MOOC范围的则在上线之前需要经过学校和智慧职教平台两个环节的审核。经教师或学校同意后，那些经过审核的在线教学资源可以被其他教师或学校引用。智慧职教平台记录了在线教学资源的使用情况，既包括学生用户访问日志、阅读和观看在线资源、完成习题情况等等，也包括其他教师引用在线资源形成的学生用户及其访问情况等。智慧职教平台还能从在线教学资源类型、用户类型、建设主体类型等多个角度给出课程和专业层面的相关数据。依据这些数据，可以分析这些课程线上职业道德教学资源的应用效果。

三、高职院校学生职业道德教育与专业课程教学融合实践检验的实施及效果

我们根据财经商贸类职业专业群特点，选择了11门课程借助智慧职教平台，从2019年10月开始建设这些课程的线上教学资源，并在2021年9月开始同时面向校内和校外共享线上教学资源。其中校内用户是开展这些课程教学的师生，校外用户则是选用这些课程的线上职业道德教学资源的智慧职教平台的其他院校师生和企业员工等群体。通过比较这些课程的线上职业道德资源开放前后的数据可以发现如下结果：

在近6年的线上教学资源建设和使用过程中，这些课程的主讲教师及其教学团队深入分析课程中适合线上教学的知识点和技能点，并就此与职业教育教学专家和线上教学资源制作企业技术人员探讨课程中哪些职业道德教学内容转化为线上教学资源。2020年1月初步完成各课程线上教学知识点设计，进入线上教学资源制作阶段，部分线上资源在智慧职教平台试点开放。最终在2021年9月完成线上教学资源主体建设。到2024年10月，线上教学资源总量达到324.68G。其中，视频资源总时长7 399分钟，素材3 110条，题库15 126道题，活跃资源占比超过89%。这些专业课程职业道德教学资源大致覆盖了相关课程职业道德半数左右的教学内容。为此，我们假定专业课程线上职业道德教学占该课程职业道德总学时的比例等于专业课程线上教学占该课程总学时的比例。从本校相关课程标准来看，相应课程线上教学占该课程学时比例达到50%～66.67%，

具体见表6-1。

表6-1　　　　　专业课程线上教学占该课程总学时的比例

序号	课程名称	线上教学比例			
		线上学时	线下学时	总学时	线上学时占比
1	国际金融	32	32	64	50%
2	客户服务管理	32	32	64	50%
3	管理会计	32	32	64	50%
4	商务数据分析	32	32	64	50%
5	财务管理	32	32	64	50%
6	粤商文化	32	32	64	50%
7	人力资源管理	36	28	64	56%
8	会计认知	60	30	90	66.67%
9	成本核算与管理	32	32	64	50%
10	审计技术	32	32	64	50%
11	RPA开发与应用	32	32	64	50%

　　为了比较第一类情况和第二类情况职业道德教学效果，选取这些课程的线上教学资源投入使用前一年一个教学周期和投入使用后一个教学周期[①]的评价数据进行对比。通过比较可以发现这些课程在线上教学资源投入使用后教学评价均略有上升，具体见表6-2。

――――――――――

① 这是由于当时部分课程在本校教学可能在秋季，也有可能在春季。

表 6-2　　　　　　　　　　　课程线上教学后评价排名变化

序号	课程名称	教学评价（全校排名百分比①）	
		上线前	上线后
1	国际金融	9	6
2	客户服务管理	55	35
3	管理会计	27	11
4	商务数据分析	58	36
5	财务管理	66	45
6	粤商文化	76	15
7	人力资源管理	15	12
8	会计认知	35	33
9	成本核算与管理	18	8
10	审计技术	16	3
11	RPA 开发与应用	93	78

截至 2024 年 10 月 22 日，在线课程资源库用户总数达到 35 946 人。新增用户主要在 2020 年 1 月以后。在线用户中，本校用户 6 876 人。学生和教师是这些在线课程资源库的主要用户。其中学生用户达到 33 990 人，教师用户 1 445 人。除本校外，用户超过 50 人的单位来自 108 家不同学校、企业等社会组织。这些数据说明在线课程资源在其他学校师生中得到了广泛应用。当然，作为职业教育的在线教学资源，还需要扩大在企业等其他社会组织的应用效果。

商务管理专业资源库用户行为日志按时间段分布如图 6-1 所示，显示访问日志高峰出现在三个时间段：早上 8 点至中午 12 点，下午 2 点至 5 点，晚上 7 点至 10 点。

---

① 由于本校春季和秋季各课程及主讲教师的数量不完全相等，所以取特定课程及主讲教师评价在全校的排名序号，再除以该学期课程及主讲教师排名末位的序号，进而形成全校排名百分比。

用户行为日志按时间段分布

人次

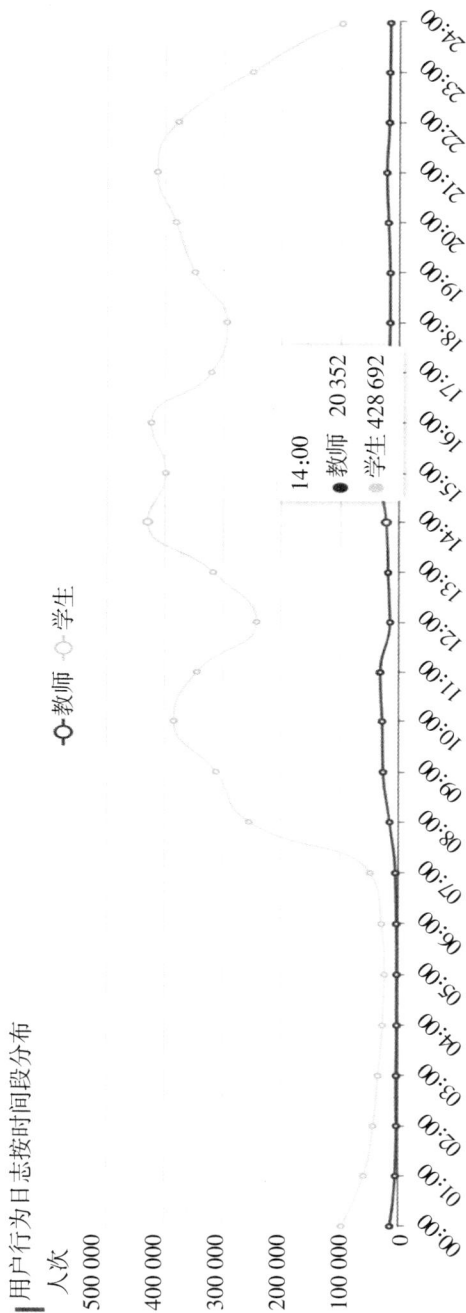

图6-1 商务管理专业资源库用户行为日志按时间段分布

课程线上教学资源的产出应从数量和质量两个方面来衡量。其中数量主要考察线上教学资源用户规模，质量则主要考虑教学评价。根据表6-1，这些课程在线上线下混合式教学模式下，线上教学占总学时的50%左右，那么可以认为这些课程在线上线下混合式教学模式下线上教学产出的数量大致相当于这些课程在全部线下教学模式下产出的50%。这些课程线上教学产出的数量体现在校内用户和校外用户两个方面。由于本校在校生人数短期内不会发生大幅度变动，所以这些课程采取线上教学结合线下教学的模式不会影响校内用户数量。这些课程采取线上教学结合线下教学的模式后，线上教学产出的数量增长主要表现为扩大了校外用户。用户总数达到35 964人，本校用户6 876人，校外用户29 088人，校外用户总数是本校用户的4.23倍。这说明这些课程的线上教学资源在校外得到了广泛应用。

　　这些情况说明上述课程通过智慧职教共享线上教学资源扩大了产出的数量。线上教学资源产出数量的增长主要来自校外用户。当然，考虑到这些课程的线上教学仅仅覆盖了课程总学时的50%，而校外用户没有接受线下教学，这相当于校外用户获得了课程知识总量的50%。从课程产出数量的角度来看，2名校外用户大致相当于1名校内用户。

　　根据表6-2，这些课程在线上教学资源投入使用后比之前的教学评价均略有上升。这说明这些课程采取线上教学结合线下教学的模式与采取全部线下教学的模式相比教学质量没有降低。从整个社会来看，这些校外用户原本没有可能接触这些课程的知识，通过这些课程的线上教学接触到了这些课程大约50%的知识点。因此，可以推断这些课程采取线上教学结合线下教学的模式增加校外用户是有效的。这对提高整个社会的职业道德知识的水平产生了积极作用。这些课程的线上教学有着重要的现实意义。

在这轮教学实验中出现线上教学结合线下教学的模式的投入产出比值显著高于全部线下教学模式的原因主要有三个方面。第一，我国社会互联网应用面广，大多数人员成为网民。截至2024年11月，已累计建成5G基站419.1万个，3家基础电信企业发展蜂窝物联网终端用户26.42亿户。[201] 第二，选择了知名度比较高的在线教学服务平台。智慧职教成为我国国家智慧教育公共服务平台中职业教育的主要平台。这11门课程在2022年3月全部入选国家优质在线教育课程。第三，主讲教师精心选择了课程中适合线上教学的知识点来开发线上教学资源，例如课程中的入门基础知识等。课程教学过程中需要师生密切沟通的知识点，诸如实践操作，教师们选择采取线下教学。这意味着校外学习者不能仅通过线上教学就获得课程应该传授的全部知识和技能。这项研究根据线上教学学时和课程全部学时做了折算，但从学习者完整掌握知识和技能的角度来看，这样的折算只能是粗略估计线上学习者的教学效果，不太可能十分精确。从两种模式产出比值的巨大差异来看，这些无法克服的误差和无法达到的精细应该不至于改变这项研究的结果。

在这项教学实验中发现两个趋势。第一，随着职业道德知识和技术难度的提高，线上教学效果会逐渐降低；反之，亦然。这意味着课程中入门职业道德知识和技能在线上教学会取得比较好的教学效果。第二，随着数字化社会的来临，人们越来越习惯线上社会。例如，线上社交、线上支付、线上工作表单等。越贴近数字化工作生活场景的职业道德的线上教学效果会越好。从长期来看，社会数字化程度应该会越来越高，专业课程职业道德内容中适合线上教学的比例可能也会越来越高。如果学校能够建立教师建设线上教学资源、开展线上教学的薪酬制度，应该能够引导教师更好地推行线上教学结合线下教学的模式，进而在有限的教学资源条件下提高教学效果、扩大课程教学受益面。

这项实践检验支撑了这样的两个结论：第一，高职院校专业课程职业道德中一部分知识和技能通过线上教学能够取得不低于线下教学的质量；第二，这些课程通过线上教学结合线下教学的模式能够产生较高的教学资源产出。这些产出主要表现在：（1）线上教学提高了这些课程在本校的教学效率，适当减少了主讲教师线下的教学工作时间。（2）线上教学推动了本校师生适应数字时代线上社会环境。（3）线上教学扩大这些课程在校外的推广应用，推动了兄弟院校、企业等人员通过线上教学掌握课程的一部分知识和技能。

从整个社会来看，由于数字技术将更为广泛而深刻地应用到社会经济活动中，所以高职院校专业课程中适合线上教学的知识将会越来越多，采取线上教学结合线下教学的模式获得的教育资源投入产出比值应用会越来越高。学校应该建立适合线上教学结合线下教学的教学管理和薪酬待遇制度。这将有助于师生更好地适应未来的数字型社会。

参考文献

［1］ 徐映梅，李坤．我国数字经济融合特征及其变化趋势分析［J/OL］．
［2025-02-16］．https：//doi.org/10.19343/j.cnki.11-1302/c.2025.01.005.

［2］ 李大元，潘壮，陈晓红．人工智能赋能创业：基于结构主题模型的综述
［J］．科研管理，2024，45（11）：14-25.

［3］ 张贵香，贾君枝．生成式 AI 时代下的提示素养培育研究［J］．大学图书
馆学报，2024，42（6）：63-71.

［4］ 刘小鲁，马文婷．数字化转型对劳动收入份额的动态影响：基于要素偏
向型技术进步视角［J］．现代经济探讨，2025（2）：1-15.

［5］ 师磊，阳镇，钱贵明．数字产业集群政策与关键核心技术突破式创新
［J/OL］．［2025-02-16］．https：//doi.org/10.19581/j.cnki.ciejournal.2025.01.006.

［6］ 习近平．高举中国特色社会主义伟大旗帜 为全面建设社会主义现代化国
家而团结奋斗［N］．人民日报，2022-10-26（1）.

［7］ 和震．高技能人才培养需要什么样的职业教育体系［J］．教育发展研究，
2024，44（5）：3.

［8］ 赵学静．浅谈加强大学生的职业道德教育［J］．南通职业大学学报，
1995（2）：37-39.

［9］ 许力双．中国高职院校大学生思想政治教育路径研究［D］．长春：吉林

大学，2016.

[10] 陈小花，徐喜春. 主体参与：大学生职业道德教育创新的范式选择 [J].
职教论坛，2017（32）：18-21.

[11] 冯于珍. 高职大学生职业道德教育研究 [D]. 荆州：长江大学，2017.

[12] 尹春容. 学习习近平总书记关于职业教育战略地位的重要论述 [J]. 学
习月刊，2019（11）：10-12.

[13] 杜博士. 论习近平关于青年学生道德教育的重要论述 [J]. 盐城工学院
学报（社会科学版），2019，32（2）：13-19；62.

[14] 陈国秀. 以习近平文化思想引领高校思想政治教育路径探究 [J]. 思想
教育研究，2024（9）：121-125.

[15] 李兴洲，龙语兮，邵建华. 习近平职业教育观：内容、理念与实践进
路 [J]. 教育与经济，2024，40（1）：3-9.

[16] 肖永辉，李雁冰. 习近平新时代中国特色社会主义思想中的青年价值观
教育思想探析 [J]. 东北师大学报（哲学社会科学版），2019（5）：
152-157.

[17] 杨业华，符俊. 十八大以来习近平的青少年思想道德教育思想探析 [J].
中南民族大学学报（人文社会科学版），2015，35（2）：161-164.

[18] 王鲁艺，赵蒙成. 职业道德教育的实践逻辑：一项基于团体活动的行动
研究 [J]. 中国职业技术教育，2024（34）：60-71；95.

[19] 张娟. 英国学徒制"数字学徒"路线发展现状与启示 [J]. 中国职业技
术教育，2022（6）：40-48.

[20] 付云丽. 近十年欧盟成人低数字技能水平提升行动的借鉴和启示 [J].
西北成人教育学院学报，2022（5）：20-27.

[21] 翟俊卿，石明慧. 提升数字技能：澳大利亚职业教育人才培养的新动向
[J]. 职业技术教育，2021，42（19）：73-79.

[22] 贺明华. 智媒时代数字技能教育的三个维度 [J]. 皖西学院学报，2020，
36（4）：141-145；151.

[23] 王不凡. 数字技能的鸿沟问题及其应对策略 [J]. 哲学分析，2022，13

（4）：164-173；199.

［24］ 杨淑萍，苏超举，朱星辰. 高职教育数字化转型下的伦理问题及其超越
［J］. 现代教育管理，2023（10）：106-115.

［25］ 朱军. 数字时代高职学生工匠精神培育路径研究［J］. 科教导刊，2024
（34）：86-88.

［26］ 吴晓欠，李俊. 以学生为中心：医学院校思政教育数字化转型的路径研
究［J］. 中国医学教育技术，2025，39（1）：65-68；79.

［27］ 钞小静，王灿，王宸威. 数字革命周期下新质生产力培育的机制和路径
［J］. 浙江工商大学学报，2024（4）：87-97.

［28］ 习近平. 习近平谈治国理政：第四卷［M］. 北京：外文出版社，2022.

［29］ 中共中央马克思恩格斯列宁斯大林著作编译局. 马克思恩格斯选集：第
2卷［M］. 北京：人民出版社，2012.

［30］ 胡莹. 论数字经济时代资本主义劳动过程中的劳资关系［J］. 马克思主
义研究，2020（6）：136-145.

［31］ 贺俊. 数字技术创新体系的特征与政府作用［J］. 求索，2023（5）：
107-115.

［32］ 汪旭晖，张涛嘉. 数字科技创新引领数字经济产业高质量发展的机制、
路径及建议［J/OL］. ［2025-02-13］. http://kns.cnki.net/kcms/detail/
13.1356.F.20250113.1725.004.html.

［33］ 国家统计局. 中华人民共和国2023年国民经济和社会发展统计公报
［J］. 中国统计，2024（3）：4-21.

［34］ 王志良. 物联网：现在与未来［M］. 北京：机械工业出版社，2010.

［35］ 沈鑫，裴庆祺，刘雪峰. 区块链技术综述［J］. 网络与信息安全学报，
2016，2（11）：11-20.

［36］ 徐保民，倪旭光. 云计算发展态势与关键技术进展［J］. 中国科学院院
刊，2015，30（2）：170-180.

［37］ 乔晓楠，郁艳萍. 人工智能与现代化经济体系建设［J］. 经济纵横，
2018（6）：81-91.

[38] 鲍春雷，袁可. 数字经济发展中促进高质量充分就业研究［J］. 中国劳动，2024（6）：45-55.

[39] 侯美樾，张东祥. 数字经济赋能新质生产力：内在关联与实现路径［J］. 重庆理工大学学报（社会科学），2024，38（12）：55-66.

[40] 渠慎宁，梁航远. 新兴数字技术赋能新质生产力：核心机制与主要路径［J/OL］.［2025-02-14］. http：//kns.cnki.net/kcms/detail/11.1444.F.20250127.1139.002.html.

[41] 齐志明，宋豪新，周欢. 业态向"新"活力释放［N］. 人民日报，2024-12-11（19）.

[42] 梁宏姣. 生活方式跃迁：从数字技术嵌入到智慧养老适应的实践逻辑［J/OL］.［2025-02-13］. https：//doi.org/10.16822/j.cnki.hitskb.2025.01. 008.

[43] 李玉超，张立杰，乐凯迪，等. 数字经济、虚拟集聚与资源配置效率［J/OL］.［2025-03-13］. https：//doi.org/10.13546/j.cnki.tjyjc.2025.03.002.

[44] 黄炯. 大数据运用视角下的经济发展策略［J］. 山西财经大学学报，2024，46（S1）：19-21.

[45] JONES C I，TONETTI C. Nonrivalry and the Economics of Data ［J］. American Economic Review，2020，110（9）：2819-2858.

[46] 高卓琼. 数字贸易对全球价值链分工的影响研究［D］. 北京：中共中央党校（国家行政学院），2024.

[47] 杨东，乐乐. 创设WDO：数字贸易全球治理的中国方案［J］. 学习与探索，2025（1）：87-98.

[48] 谢晓萌，朱秀梅. 差异化数据禀赋对制造企业数字服务化的影响机理：基于三一集团的纵向案例研究［J/OL］.［2025-02-14］. http：//kns.cnki.net/kcms/detail/12.1288.F.20250208.1328.002.html.

[49] 魏娟，史亚雅，叶文平，等. 供应链优势企业数字化转型的双边溢出效应研究［J/OL］.［2025-02-14］. https：//doi.org/10.16538/j.cnki.jfe.20240626.101.

[50] 周斌. 徐工重型：数字技术渗透全价值链［J］. 中国信息化，2023（9）：30-31.

［51］ 王静文. 数字新基建对区域经济增长差距影响的统计检验［J/OL］. ［2025-03-17］. https：//doi.org/10.13546/j.cnki.tjyjc.2025.03.017.

［52］ 中国信息通信研究院. 中国数字经济发展研究报告（2024年）［R/OL］. ［2024-08-30］. http：//www.caict.ac.cn/kxyj/qwfb/bps/202408/P020240830315324580655.pdf.

［53］ 钞小静. 以数字经济与实体经济深度融合赋能新形势下经济高质量发展［J］. 财贸研究，2022，33（12）：1-8.

［54］ 蒋余浩，贾开. 公共数据牵引与数据要素共享式开放：改变现状权的理论视角［J］. 电子政务，2024（5）：43-52.

［55］ 杨庆. 数字时代国家税收治理转型研究［D］. 长春：吉林大学，2023.

［56］ 邹惠林，杨小勇. 数字零工中的劳动异化及其破解路径［J］. 湖北经济学院学报（人文社会科学版），2025，22（2）：15-18.

［57］ 张成刚. 新职业在线学习平台——数字时代人力资源的"新基建"［J］. 中国培训，2020（7）：33.

［58］ 马丽丽，李强. 数字技术应用、价值链重构与就业结构转变［J/OL］. ［2025-02-14］. https：//doi.org/ 10.13778/j.cnki.11-3705/c.2025.02.005.

［59］ 李国泉，蔡方. 依靠全面深化改革构建新型生产关系的依据、机理与路径［J］. 江西财经大学学报，2025（1）：12-22.

［60］ 刁海璨. 企业基础研究与新质生产力培育［J/OL］. ［2025-02-14］. https：//doi.org/10.13653/j.cnki.jqte.20250211.001.

［61］ 任保平，张倩. 中国式现代化新征程中高质量数字基础设施建设的新要求和实现路径［J］. 求是学刊，2023，50（2）：48-56.

［62］ 陈恒烜. 数字化时代的全球研发分工新格局：核心特征与生成逻辑［J/OL］. ［2025-02-14］. http：//kns.cnki.net/kcms/detail/13.1356.F.20250206.1103.002.html.

［63］ 边克冰，关锋. 数字文明形态下的新质生产力：理论基础、具体挑战与改革探索［J］. 暨南学报（哲学社会科学版），2024，46（11）：146-161.

[64] 马芬莲，奚俊芳，钟根元. 数字化转型、搜寻成本与企业出口决策 [J]. 世界经济研究，2025（2）：89-104；137.

[65] 曹增栋，岳中刚. 数字经济与实体经济融合对碳排放强度的影响：理论模型与经验证据 [J]. 经济问题探索，2024（12）：1-16.

[66] 杨昕，赵守国. 数字经济与区域创新效率的"索洛悖论"——基于研发要素投入偏向视角 [J/OL]. [2025-02-14]. http：//kns.cnki.net/kcms/detail/42.1224.g3.20250122.1706.024.html.

[67] 随淑敏，夏璋煦. 数字经济发展的就业质量分化效应——基于劳动者技能和区域异质性视角的分析 [J/OL]. [2025-02-14]. http：//kns.cnki.net/kcms/detail/50.1023.c.20241226.1319.006.html.

[68] 张荣军，张溪. 数字资本主义时代的交往异化及其重构 [J]. 贵州大学学报（社会科学版），2025，43（1）：34-43.

[69] 高鹤鹏. 数字营商环境的三重逻辑：生成、变革及实践 [J]. 重庆理工大学学报（社会科学），2025，39（1）：121-132.

[70] 张译文. 数字化转型对家电制造企业财务绩效的影响——以格力电器为例 [J]. 江苏商论，2025（2）：29-32.

[71] 杨继军，艾玮炜，范兆娟. 数字经济赋能全球产业链供应链分工的场景、治理与应对 [J]. 经济学家，2022，285（9）：49-58.

[72] 李宏兵，唐莲，翟瑞瑞. 数字技术创新与内外贸一体化：基于全国统一大市场视角 [J/OL]. [2025-02-14]. https：//doi.org/10.15931/j.cnki.1006-1096.20250123.004.

[73] 张瑜，田开兰，高翔，等. 投入产出框架下数字经济核心产业赋能我国经济和就业增长的测算研究 [J/OL]. [2025-02-14]. https：//doi.org/10.19343/j.cnki.11-1302/c.2025.01.004.

[74] 苏培，贺大兴. 数字经济发展对就业的影响——基于279个地级市面板数据的分析 [J]. 上海经济研究，2024（10）：53-74.

[75] 段钢，刘贤链. 数字经济发展能否缓解劳动力市场"极化"？——基于我国31个省级面板数据的实证分析 [J]. 华南理工大学学报（社会科学

版），2025，27（1）：37-54.

[76] 孙振南. 以数字经济发展推动高质量充分就业：作用机理与赋能路径 [J]. 深圳社会科学，2024，7（6）：80-91.

[77] 陈瑞华，余婧. 中国式现代化视阈下企业发展新质生产力探析 [J]. 湖南大学学报（社会科学版），2025，39（1）：1-9.

[78] 徐维祥，石柔刚，周建平. 数字经济对城乡收入差距的影响机制与空间效应 [J]. 华东经济管理，2025，39（1）：84-94.

[79] 吕韶艺，宋旭光. 数字经济的"扩中"效应研究：基于中国家庭追踪调查数据的经验证据 [J]. 调研世界，2025（2）：66-74.

[80] 孙正，朱学易，陈一帆. 中国数字经济税负转嫁理论机制与逻辑框架——兼论税收治理体系的前瞻性建构 [J]. 财经理论与实践，2025，46（1）：43-51.

[81] 魏巍，魏子仪，王轶. 人力资本提升与数字鸿沟弥合相互促进的机制和路径 [J]. 北京师范大学学报（社会科学版），2025（1）：53-61.

[82] 中国教育科学研究院. 2022职业教育改革发展与发展报告 [N]. 中国教育报，2022-12-27（5）.

[83] 舍恩伯格，库克耶. 大数据时代：生活、工作与思维的大变革 [M]. 盛杨燕，周涛，译. 杭州：浙江人民出版社，2013.

[84] 景安磊，朱元嘉. 数字技术推进产教深度融合的作用机理与创新路径 [J]. 北京师范大学学报（社会科学版），2025（1）：38-44.

[85] 韩锡斌，唐小淇，刁均峰. 职业教育数字化政策审视：制定、实施及效果——基于我国与其他四国政策文本的对比分析 [J]. 中国电化教育，2025（1）：101-108.

[86] 弗里德曼. 世界是平的：21世纪简史 [M]. 何帆，肖莹莹，郝正非，译. 长沙：湖南科学技术出版社，2008.

[87] 斯尔尼塞克. 平台资本主义 [M]. 程水英，译. 广州：广东人民出版社，2018.

[88] 罗生全，刘静，刘玲玲. 智能时代教师教学想象力的生成机制及其培育

［J］. 中国电化教育，2025（1）：35-44.

［89］ 刘宝存，戴子惠. 教育数字鸿沟治理：现实图景、发生机理与实践进路
［J］. 中国电化教育，2025（1）：72-81.

［90］ 关晶，任睿文. 构建韧性技能生态：面向新质生产力时代的职业教育变
革［J］. 苏州大学学报（教育科学版），2024，12（4）：33-42.

［91］ 袁振国. 重塑未来——教育数字化之于教育强国建设的突破性意义［J］.
教育研究，2024，45（12）：4-12.

［92］ 王天夫. 数字时代的社会变迁与社会研究［J］. 中国社会科学，2021
（12）：73-88；200-201.

［93］ RAINIE L，WELLMAN B．Networked：The New Social Operating System
［M］. Cambridge，MA：MIT Press，2012.

［94］ 帕特南. 独自打保龄球：美国社区的衰落与复兴［M］. 祝乃娟，张孜
异，刘波，译. 北京：北京大学出版社，2011.

［95］ 邱泽奇. 零工经济：智能时代的工作革命［J］. 探索与争鸣，2020（7）：
5-8.

［96］ 陈福平，许丹红. 观点与链接：在线社交网络中的群体政治极化：一个
微观行为的解释框架［J］. 社会，2017（4）：217-240.

［97］ PARISER E.The Filter Bubble：What the Internet is Hiding from You［M］.
New York：Penguin Press，2011.

［98］ 桑斯坦. 信息乌托邦：众人如何生产知识［M］. 毕竞悦，译. 北京：法
律出版社，2008.

［99］ CASS R，SUNSTEIN.Republic：Divided Democracy in the Age of Social
Media［M］. Princeton，NJ：Princeton University Press，2017.

［100］ 帕斯奎尔. 黑箱社会：控制金钱和信息的数据法则［M］. 赵亚男，译.
北京：中信出版集团，2015.

［101］ BURRELL J，FOURCADE M. The Society of Algorithms［J］. Annual
Review of Sociology，2021（47）：213-237.

［102］ 李文. 新加坡教育数字化转型新图景：技术塑造学习未来——基于

《2030 年教育科技总体规划》分析［J］. 比较教育研究，2024，46（12）：98-107.

［103］ 王水雄. 数字技术重塑社交格局：逻辑机制与现实挑战［J］. 人民论坛·学术前沿，2024（19）：15-23.

［104］ 何士青. 论大数据时代人的数字化生存方式的法治回应［J］. 政法论丛，2025（1）：3-22.

［105］ 杨国荣. 道德行为的两重形态［J］. 哲学研究，2020（6）：55-65；128.

［106］ 张迎. 习惯育德的作用机理及路径选择——基于洛克《教育漫话》的文本分析［J］. 教育评论，2025（1）：29-35.

［107］ 张清津. 道德向法律的转化与制度专业化假说［J］. 山东大学学报（哲学社会科学版），2024（4）：180-192.

［108］ 徐向东. 共情、利他主义与道德生物增强［J］. 中国社会科学，2024（9）：129-147；207.

［109］ 郭忠. 道德势能与德治秩序的生成机制［J］. 哈尔滨工业大学学报（社会科学版），2024，26（5）：24-32.

［110］ 张永刚. 马克思道德观构建的基础问题：基于《德意志意识形态》的分析［J］. 伦理学研究，2025（1）：34-42.

［111］ 龚群. 阶级道德、共同道德与全人类道德［J］. 湖北大学学报（哲学社会科学版），2024，51（5）：1-8；178.

［112］ 祝娟，陈冬华. 内在道德、代理成本与公司治理［J］. 会计与经济研究，2024，38（2）：3-30.

［113］ 吴涛，乔洪武. 马克思主义物质利益原则与新时代公民道德建设［J］. 江汉论坛，2024（8）：44-51.

［114］ 王凯，周欣茹. 教师道德自我的遮蔽与澄明［J］. 教育发展研究，2023，43（18）：60-66.

［115］ 殷杰. 人类合作的道德进化解释［J］. 中国人民大学学报，2024，38（4）：172-185.

［116］ 柴艳萍，姚云. 道德的市场经济何以可能［J］. 齐鲁学刊，2023（6）：

35-44.

[117] 甘绍平. 现代伦理学中利他主义的地位 [J]. 武汉大学学报（哲学社会科学版），2024，77（3）：71-84.

[118] 唐汉卫，黄忠敬. 从"理性"到"理由"：社会与情感能力培养的规范性审视 [J]. 教育研究，2024，45（3）：87-99.

[119] 温莹莹，张晓玲. 从有限道德到普遍道德——基于社会参与的视角 [J]. 社会学研究，2024，39（2）：44-65；227.

[120] 陈莉，欧瑶，李维娜，等. 道德信息在印象更新中的作用 [J]. 心理科学，2023，46（5）：1046-1056.

[121] 张宏达. 当代青年职业道德的时代内涵及培育 [J]. 中国青年研究，2018（11）：112-118.

[122] 李育书. 职业道德：兴起、困境及其化解之道 [J]. 伦理学研究，2018（3）：118-123.

[123] 丁林. 加强研究生职业道德教育的思考 [J]. 国家教育行政学院学报，2010（8）：67-71.

[124] 黄钊. 当代职业道德建设应从中华传统美德中吸取营养 [J]. 思想理论教育，2016（5）：40-44.

[125] 赵冰. 职业道德悖论现象审思 [J]. 道德与文明，2010（2）：156-159.

[126] 李宏昌. 高职院校思想政治教师实践智慧研究 [M]. 杭州：浙江大学出版社，2015.

[127] 涂尔干. 职业伦理与公民道德 [M]. 渠敬东，译. 北京：商务印书馆，2017：7-14.

[128] 罗肖泉. 关于中国社会工作职业道德建设的几点思考 [J]. 伦理学研究，2009（2）：34-38.

[129] 王宏英，王辉. 西北地区农民职业道德研究 [J]. 兰州学刊，2012（3）：188-192.

[130] 蔡丹阳，蔡哲. 论高职德育中的行业职业道德 [J]. 山西财经大学学报，2007（S1）：239；246.

[131] 肖平，朱孝红. 职业道德现状与职业道德教育的边缘化 [J]. 高等工程教育研究，2004（5）：40-43.

[132] 毛军吉，于树贵. 爱岗敬业：领导干部的一门必修课 [J]. 求索，1998（3）：26-29.

[133] 吕菊芳，刘怀元. 论就业能力的德性之维 [J]. 湖北社会科学，2016（12）：169-173.

[134] 郭彦军. 工匠精神是中国工人阶级先进性素质的时代体现 [J]. 毛泽东邓小平理论研究，2017（4）：17-21；107.

[135] 何玉芳，龚凌雁. 马克思主义伦理学视域下的科学家精神 [J]. 东北师大学报（哲学社会科学版），2024（6）：58-68.

[136] 冯鑫. 职业伦理视阈下工匠精神的回归与重塑 [J]. 道德与文明，2023（6）：140-149.

[137] 肖贵清，龙正午. 新时代中华优秀传统美德的创造性转化创新性发展 [J]. 思想教育研究，2024（5）：102-110.

[138] 王增福. 构建中华传统美德传承体系的逻辑理路 [J]. 思想理论教育，2025（2）：29-35.

[139] 高峰. 西方企业社会责任思想的缘起与演变 [J]. 苏州大学学报（哲学社会科学版），2009，30（6）：25-28.

[140] 赵蒙成. 工业4.0时代我国职业道德教育的嬗变与未来走向 [J]. 河北师范大学学报（教育科学版），2021，23（3）：73-81.

[141] 谢富胜，江楠，匡晓璐. 马克思的生产力理论与发展新质生产力 [J]. 中国人民大学学报，2024，38（5）：1-13.

[142] 蔡世锋，王国顺. 儒家思想与企业职业道德 [J]. 道德与文明，1999（3）：24-27.

[143] 李载驰，吕铁. 数字经济对制造业发展的影响——基于工业经济向数字经济系统性转变的分析 [J]. 学习与探索，2025（1）：116-125.

[144] 郝婧智. 数字化"教劳结合"助力发展新质生产力的"何以"与"何为" [J/OL]. [2025-02-15]. http://kns.cnki.net/kcms/detail/53.1002.C.20250120.

1748.008.html.

[145] 孟宪生，王丽雅. 新时代中国特色社会主义网络文明主体目标探究 [J/OL]. [2025-02-15]. https：//doi.org/10.16513/j.shzyhxjzgyj.20250107.002.

[146] 田思路，郑辰煜. 算法从属性下平台从业者的身份识别 [J]. 华中科技大学学报（社会科学版），2024，38（5）：63-74.

[147] 胡宏伟. 养老护理人才的专业化培养与高质量供给 [J]. 人民论坛，2024（13）：36-41.

[148] 刘志云，连浩琼. 社会主义核心价值观融入行业规章的执行问题探析 [J]. 贵州师范大学学报（社会科学版），2024（6）：127-136.

[149] 蒋萌. 现代社会中的文明、文化与社会性格——埃利亚斯、弗洛姆与威廉斯对社会存在与社会意识的考察 [J]. 学术界，2024（5）：144-152.

[150] 刘骏，张义坤. 数字化转型能提高企业供应链效率吗？——来自中国制造业上市公司年报文本分析的证据 [J]. 产业经济研究，2023（6）：73-86.

[151] 刘奕麟. 论大数据商业模式反垄断规制的困境与出路——以滥用市场支配地位为研究视角 [J/OL]. [2024-04-21]. https：//doi.org/10.19525/j.issn1008-407x.2024.03.009.

[152] 伊玮珑，于俊杰，孙伟. 关键信息基础设施安全保护建设探索 [J]. 中国信息安全，2023（12）：85-87.

[153] 卫欣. 网络主播失范行为及伦理引导 [J]. 新闻与传播评论，2024，77（2）：35-46.

[154] 伟宁. 信息时代的伦理审视 [J]. 中国工会财会，2019（9）：59-60.

[155] 庞卡. 习近平文化思想的逻辑体系 [J/OL]. [2024-04-21]. http：//kns.cnki.net/kcms/detail/45.1008.C.20240407.1747.010.html.

[156] 习近平. 加快构建现代职业教育体系 培养更多高素质技术技能人才、能工巧匠、大国工匠 [N]. 人民日报，2021-04-14（1）.

[157] 潘懋元. 潘懋元高等教育学文集 [M]. 汕头：汕头大学出版社，1997.

[158] 戚静. 高校课程思政协同创新研究 [D]. 上海：上海师范大学，2020.

[159] 贾晓芳，谢宝剑. 数字基础设施建设对企业劳动雇佣的影响与机制——以"宽带中国"战略为准自然实验 [J]. 中国流通经济，2024，38（10）：18-32.

[160] 续继. 岗位数字化水平与薪资平等性及就业生态 [J]. 中国经济问题，2023（2）：149-164.

[161] 朱方明，贾卓强. 平台经济的数字劳动内涵与价值运动分析 [J]. 内蒙古社会科学，2022，43（3）：2；114-121.

[162] 中华人民共和国国务院. 国务院关于印发"十四五"就业促进规划的通知（国发〔2021〕14号）[Z/OL]. [2021-08-27]. https://www.gov.cn/zhengce/content/2021-08/27/content_5633714.htm.

[163] 王旭. 聚合型网约车平台定价研究 [J/OL]. [2025-02-16]. http://kns.cnki.net/kcms/detail/34.1133.G3.20240905.1259.004.html.

[164] 杨复卫. 灵活用工"泛平台化"突围：基于从业者社会保险权益保障的视角 [J]. 理论月刊，2022（10）：139-150.

[165] 白小平，叶建木，周唯一. 基于行业竞争的企业数字化转型效应 [J]. 武汉理工大学学报（信息与管理工程版），2024，46（1）：146-153.

[166] 王佑镁，王旦，梁炜怡，等. 从国际经验到本土实践：我国职业教育数字化转型的破局之法 [J]. 中国职业技术教育，2024（6）：49-58；65.

[167] 刘丹阳. 中小企业如何应对"职业骗薪" [J]. 人力资源，2023（22）：92-94.

[168] 谢俊思. 反电诈，打击治理背后的全过程人民民主实践 [N]. 人民公安报，2023-03-10（2）.

[169] 磨惟伟. 2023年国家网络安全总体态势分析与趋势研判 [J]. 中国信息安全，2023（12）：24-28.

[170] 梁静. 工学结合模式下的高职生职业道德教育路径探究 [J]. 学校党建与思想教育，2019（10）：62-64.

[171] 过旻钰，朱永跃. 意义构建理论视角下领导积极结果框架对员工数字化创造力的影响研究 [J]. 管理学报，2024，21（4）：550-559.

[172] 陈永堂，艾兴．数智化教学生态的内涵、特征与实践要求［J/OL］．［2024-04-20］．http：//kns.cnki.net/kcms/detail/53.1148.C.20240410.0937.032.html.

[173] 姜凤春，赵子博，郭新伟．高校混合教学本质的生态学审视［J］．湖南师范大学教育科学学报，2023，22（5）：105-111.

[174] 黄莹莹．数字化赋能研究生思政课的内涵、机理和实践路径［J］．研究生教育研究，2024（2）：68-72.

[175] 李晓虹，王梓宁．智慧教学对大学生深度学习的影响——基于国内外35篇定量文献的元分析［J］．湖南师范大学教育科学学报，2023，22（5）：45-55.

[176] 张培，南旭光．伴生与耦合：新质生产力视域下的职业教育高质量发展［J/OL］．［2024-04-21］．https：//doi.org/10.13316/j.cnki.jhem.20240409.005.

[177] 潘美英．企业新型学徒制与高职院校现代学徒制相互融通路径研究［J］．江苏商论，2019（6）：123-124；131.

[178] 郑蓓，阮红芳．新质生产力赋能职业教育高质量发展的逻辑理路与实践模式［J/OL］．［2024-04-21］．http：//kns.cnki.net/kcms/detail/11.3117.G4.20240417.1433.002.html.

[179] 邬爱其，吴轶珂．数字技术应用对中小企业成长的赋能机制——专精特新战略导向的中介效应［J/OL］．［2025-02-16］．https：//doi.org/10.16192/j.cnki.1003-2053.20241219.001.

[180] 申国昌，姬溪曦．职业教育数字化转型的价值、内涵与路径［J］．现代教育管理，2024（5）：105-116.

[181] 任保平，许瀚阳．健全形成数字新质生产力体制机制的路径与政策取向［J］．宁夏社会科学，2024（5）：98-107.

[182] 马费成，王淳洋．数字产业化的理论逻辑与实践路径［J］．信息资源管理学报，2024，14（6）：4-16.

[183] 闵冬梅，汪发元，汪桥．数字产业化、财政投入对实体经济发展的影响——基于安徽省的实证［J］．统计与决策，2024，40（18）：161-165.

[184] 张兆鹏. 我国数字产业化发展水平的统计测算及时空演化特征 [J]. 中国流通经济，2024，38（8）：43-55.

[185] 陈梁，宋德勇. 数字赋能对现代化产业体系建设的影响 [J]. 改革，2024（12）：72-94.

[186] 朱瑞博. 数字经济和实体经济深度融合的核心要义、制度障碍与体制机制创新 [J]. 上海经济研究，2025（1）：5-18.

[187] 张少华，木鑫，陈鑫，等. 中国数字经济和实体经济的融合研究：社会再生产过程视角 [J]. 中国软科学，2024（11）：35-45.

[188] 朱海华，陈柳钦. 数字经济赋能新质生产力的理论逻辑及路径选择 [J]. 新疆社会科学，2024（4）：27-37；172-173.

[189] 王艳，柯倩，郭玥玥. 数字经济驱动新质生产力涌现的理论逻辑 [J]. 陕西师范大学学报（哲学社会科学版），2024，53（3）：26-38.

[190] 张瀚禹，吴振磊. 数字创新合作、应用鸿沟与区域间共同富裕 [J]. 财经研究，2024，50（8）：49-63.

[191] 陈诚，李文华，陈国福，等. 数字化培训提升施工班组长岗位胜任力的实证研究 [J]. 铁道科学与工程学报，2022，19（2）：554-561.

[192] 钱津. 关于新时代提升经济增长率的几点思考 [J]. 河北经贸大学学报，2024，45（1）：1-8.

[193] 汪爱琴，李小丹. 社会招生背景下高职院校课程体系构建 [J]. 教育学术月刊，2024（6）：54-60.

[194] 秦国锋，劳晶晶，陈健健，等. 职业教育数字化课程的内涵价值、实践困境与推进策略 [J]. 职教论坛，2024，40（6）：62-69.

[195] 李硕明，尹兰. 面向工作岗位情景的数字化教学资源体系建设 [J]. 职业技术教育，2015，36（29）：44-46.

[196] 徐涵，韩玉. 我国高职院校课程标准建设研究——基于大样本问卷调查分析 [J]. 教育科学，2022，38（4）：44-51.

[197] 朱德全，彭洪莉. 高等职业教育高质量发展的强国战略与实践理路 [J]. 中国电化教育，2025（1）：93-100.

［198］ 曹昭乐. 持续增强高职院校吸引力的二维构想——基于工具–符号理论视角［J］. 高教发展与评估，2025，41（1）：42-52；131.

［199］ 吴岩. 建设中国"金课"［J］. 我国大学教学，2018（12）：4-9.

［200］ 邬大光，李文. 我国高校大规模线上教学的阶段性特征——基于对学生、教师、教务人员问卷调查的实证研究［J］. 华东师范大学学报（教育科学版），2020，38（7）：1-30.

［201］ 中国互联网络信息中心（CNNIC）. 第55次《中国互联网络发展状况统计报告》［R/OL］.［2025-01-17］. https：//cnnic.cn/n4/2025/0117/c88-11229.html.

索引